**만화로 배우는
멸종과 진화**

만화로 배우는 멸종과 진화

초판 1쇄 발행 2024년 1월 10일
초판 7쇄 발행 2025년 9월 5일

지은이 김도윤

펴낸이 조기흠
총괄 이수동 / **책임편집** 최신 / **기획편집** 박의선, 유지유, 이지은
마케팅 박태규, 임은희, 김예인, 김선영 / **제작** 박성우, 김정우
디자인 이슬기

펴낸곳 한빛비즈(주) / **주소** 서울시 서대문구 연희로2길 62 4층
전화 02-325-5506 / **팩스** 02-326-1566
등록 2008년 1월 14일 제 25100-2017-000062호

ISBN 979-11-5784-714-3 03400

이 책에 대한 의견이나 오탈자 및 잘못된 내용은 출판사 홈페이지나 아래 이메일로 알려주십시오.
파본은 구매처에서 교환하실 수 있습니다. 책값은 뒤표지에 표시되어 있습니다.

hanbitbiz.com ✉ hanbitbiz@hanbit.co.kr ❋ facebook.com/hanbitbiz
blog.naver.com/hanbit_biz ▶ youtube.com/한빛비즈 instagram.com/hanbitbiz

Published by Hanbit Biz, Inc. Printed in Korea
Copyright ⓒ 2024 김도윤 & Hanbit Biz, Inc.
이 책의 저작권은 김도윤과 한빛비즈(주)에 있습니다.
저작권법에 의해 보호를 받는 저작물이므로 무단 복제 및 무단 전재를 금합니다.

지금 하지 않으면 할 수 없는 일이 있습니다.
책으로 펴내고 싶은 아이디어나 원고를 메일(hanbitbiz@hanbit.co.kr)로 보내주세요.
한빛비즈는 여러분의 소중한 경험과 지식을 기다리고 있습니다.

만화로 배우는 멸종과 진화

교양툰

김도윤 글·그림

한빛비즈

CONTENTS

프롤로그　물고기 때문에 X알이 아팠던 사연　　　　　　　　　　009
　　　　　칼럼　공룡도 벗어날 수 없는 물고기의 망령

1부　생명에 관하여

1화　닭으로 공룡 만들기　　　　　　　　　　　　　　　　　024
　　　칼럼　이빨 달린 새는 다 어디로 갔나

2화　알이 먼저냐, 닭이 먼저냐　　　　　　　　　　　　　　036
　　　칼럼　태초의 RNA 세계 / 닭과 달걀의 기원

2부　곤충 이야기

3화　곤충의 합체된 머리　　　　　　　　　　　　　　　　　051
　　　칼럼　곤충의 눈이 보는 세상 / 아노말로카리스의 포획용 다리와 식성

4화　곤충의 가슴과 윌리스턴의 법칙　　　　　　　　　　　066
　　　칼럼　그래서 갑각류로부터 알게 된 것들

5화　곤충의 배와 혹스 유전자　　　　　　　　　　　　　　080
　　　칼럼　불가사리는 오각형 왕대가리

6화	메뚜기의 대량 발생(1)	094
	칼럼 표현형적 가소성	

7화	메뚜기의 대량 발생(2)	106
	칼럼 메뚜기가 군집형이 됐을 때 / 사막메뚜기의 아웃 오브 아프리카	

3부 섬 그리고 생물지리학

8화	소문의 오키나와앞장다리풍뎅이	122
	칼럼 동아시아의 고지리학 / 쉬어 가는 코너	

9화	사라졌던 대벌레	136
	칼럼 비슷한 이유로 멸종 위기에 처한 뉴질랜드의 동물을 구하는 방법	

10화	코모도왕도마뱀은 정말 코끼리를 사냥했나	
	칼럼 왕도마뱀을 보니 티라노사우루스에게 입술이 있었을 것 같다?	152

11화	주머니늑대와 섬의 저주	
	칼럼 최후의 태즈메이니아 원주민	166

12화	제주도의 메뚜기를 찾아서	
	칼럼 섬마다 독특한 생물을 살게 하는 법칙	178

4부 동물의 생태와 행동

13화 멸종의 운명을 피한 말   196
    칼럼 먹을까? 탈까?

14화 유니콘이 없는 이유   210
    칼럼 얼룩말의 무늬 / 얼룩말×당나귀

15화 살아 있는 화석 실러캔스   222
    칼럼 나사로 분류군 / 화석의 생성 과정

16화 실러캔스, 너의 이름은   234
    칼럼 내 맘대로 이름 붙이기

17화 스피노사우루스의 변천사   244
    칼럼 펠리컨 같은 턱?

18화 뱀은 땅에서 솟았나, 물에서 솟았나   256
    칼럼 뱀은 어떻게 다리를 잃었나? / 다리를 잃은 친구들

19화 뱀, 공포, 인지, 경쟁   268
    칼럼 유연한 머리뼈 vs 딱딱한 머리뼈

20화 익룡, 파충류의 하늘 정복기   280
    칼럼 익룡의 엄지손가락

21화	모든 예외에는 박쥐가 있다	292
	칼럼 박쥐의 분류 / 과일박쥐의 반전 / 조상 때부터 탑재된 초음파	
22화	박쥐 vs 곤충, 군비경쟁	304
	칼럼 나비의 주간 비행 / 박쥐가 없던 시절, 공룡 시대의 여치 / 박쥐가 기회였던 곤충들	
23화	곤충의 기생	316
	칼럼 뛰는 놈 위에 나는 놈 / 연가시의 곤충 유전자 획득	
24화	왜 비싼 외제차를 탈까	328
	칼럼 대눈파리 / 사치의 가성비	
25화	바다이구아나의 자위	340
	칼럼 자위를 하는 동물들	
에필로그	죽어가는 모든 것을 사랑해야지(1)	350
	칼럼 다섯 번의 대멸종	
	죽어가는 모든 것을 사랑해야지(2)	363
맺음말		374
참고문헌		376

어느 날…
사타구니가 너무 아파서
병원을 가보니…

(실제로 백병원은 아니었음 ㅎ)

프롤로그

물고기 때문에 X알이 아팠던 사연

인간 배아의 발생 단계와
틱타알릭 로제(약 3억 7,500만 년 전에 살던 어류)
발생학, 고생물학 같은 여러 분야에서
인간이 물고기로부터 진화했다는 증거들이 계속 밝혀지고 있다.

곧바로 수술을 해야 했고, 꽤 특이한 경우라서
수술 전에 연구논문 동의서 같은 것에
서명도 필요했다.

"이게 뭐예요?"

"특이한 케이스라서…"

"혹시 제 생식기로 논문 쓰시면…
저도 공저자로 넣어주실 수 있나요?"

… 이런 개드립을
치려다 참았다.

그러나 이런 때가 아니면 언제 이 한 몸 바쳐
과학계에 기여를 하겠나 싶은 마음에 동의서에 서명했다.

"기억해줘!!"
"기억할게!"

좌우지간 내 생식기관과 소화기관이 이 사달이 난 것은

우리가 물고기였던 시절을 간직하고 있는
'발생 단계'와 관련 있다.

원래 태아 시절 우리의 고환은
턱 밑에서 만들어진다.

그런데 정자는 체온보다 낮은 온도에서 생성되어야 하기 때문에

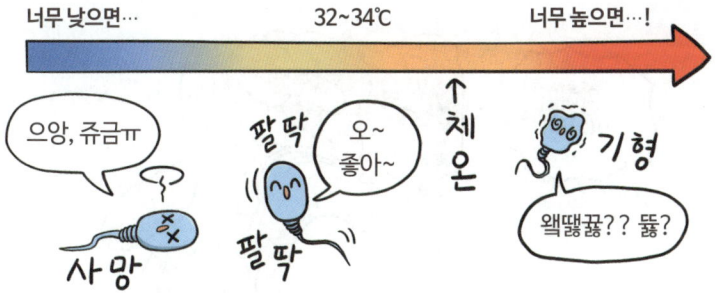

소중하지만 어쩔 수 없이 밖으로 내보내야 한다.

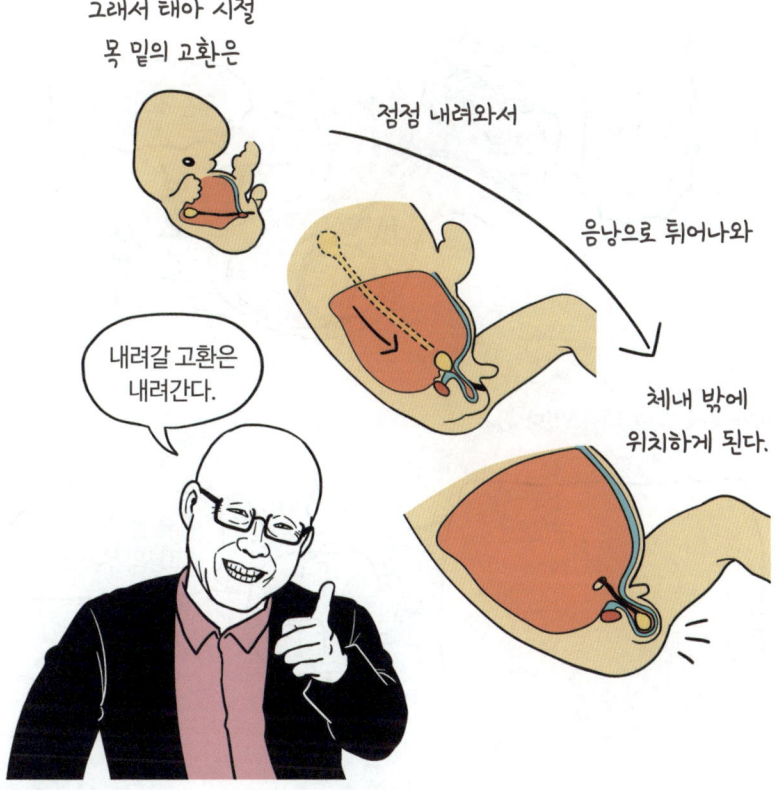

그런데 이 과정에서 튀어나온 음낭을 닫는 부분이
여전히 취약하기 때문에

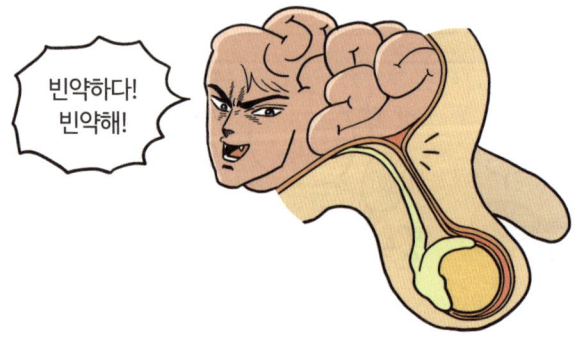

이 부분이 터져서
소장이 음낭에 내려오는 사태가 종종 발생하고…

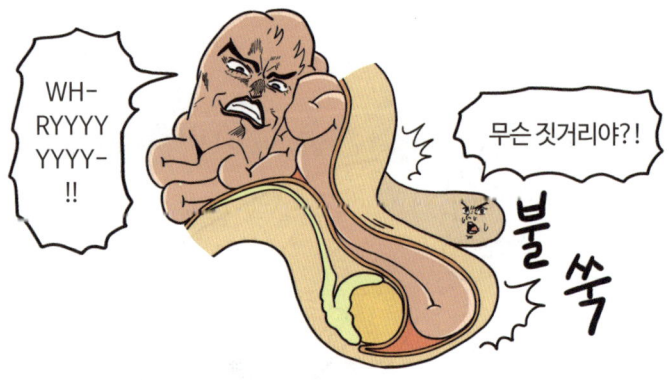

내가 바로 그런 케이스였다.

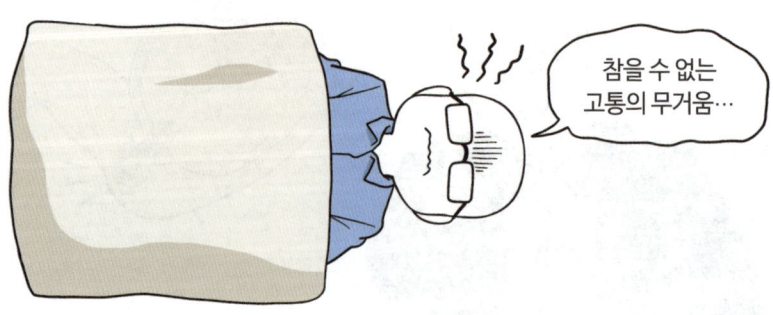

여담으로 음낭은 예민한 신경이 가득한
복강에 쌓여 내려오기 때문에 급소를 맞으면 매우 아픈 것이다.

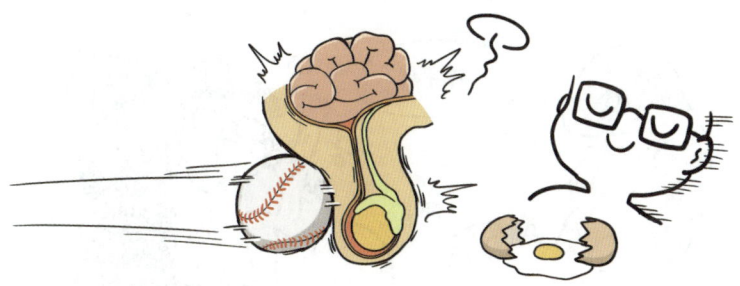

물고기를 해부해보면 여전히
턱 밑에 고환을 지니고 있음을 알 수 있다.

한마디로 우리가 물고기로부터 진화했기 때문에
이 사달이 난 것이다.

우리 몸을 구석구석 살펴보면 물고기였던 시절의 흔적이 많다.

• 배아 시절 갖고 있는 아가미와 꼬리 •

• 이상하게 비효율적으로 꼬여버린 신경들 •

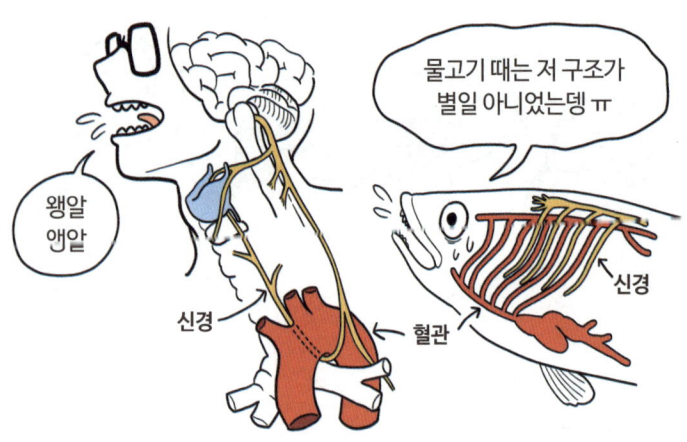

인간뿐만 아니라
오늘날 육상의 척추동물 모두가
물고기 시절의 흔적을 갖고 있다.

그래서 독일 문학의 거장인 괴테는 척추동물의 골격을 관찰하고 나서 "기본 형태에서 변형만 된 것 같다" 말했으며,

고생물학자 닐 슈빈(Neil Shubin)의 말을 빌리자면 '물고기를 주물러서 사람 만들기'를 한 것이다.

과거의 생명들은 화석을 통해 만날 수 있지만

이렇게 오늘날의 생명들 속에서도
조상들의 흔적을 추적할 수 있다.

사람의 몸속에서 물고기의 흔적을 찾을 수 있듯이

????

????

닭의 몸속에서 공룡의 흔적을 발견할 수도 있다.

공룡도 벗어날 수 없는 물고기의 망령

인간뿐만 아니라 오늘날 육상의 척추동물 모두 물고기의 형태가 변형되어 만들어졌습니다. 그 탓에 곳곳에 물고기 시절의 흔적이 있으며, 비효율적으로 꼬여있는 것도 많습니다. 그중 우리가 침을 삼키거나 말을 할 때 사용되는 '되돌이후두신경'이라는 신경세포는 목의 탄생과 함께 단단히 꼬였습니다. 물고기 시절에는 등을 따라 지나던 신경에서 턱밑으로 신경을 연결할 때 문제가 없었습니다. 그냥 아래로 뻗어 최단 거리로 연결됐지요. 그러나 목이 생기고 심장이 몸 아래로 내려가자 되돌이후두신경은 심장과 연결된 대동맥과 꼬여 버렸습니다. 어쩔 수 없이 뇌에서 심장까지 내려와 대동맥을 우회하고, 다시 위로 올라가 턱밑에 연결되는 비효율적인 구조가 되었죠. 18페이지 두 번째 컷이 이 딜레마를 나타낸 것입니다.

그나마 사람의 목은 짧기 때문에 이 되돌이후두신경이 10센티미터 정도의 길이입니다. 하지만 목이 긴 기린은 4.6미터의 반회신경을 갖고 있습니다. 그럼 목이 가장 긴 생물 중 하나였던 공룡은? 공룡 역시 물고기로부터 진화한 사지동물의 딜레마에서 벗어날 수 없습니다. 목이 긴 공룡(용각류) 중에서 가장 거대했던 것으로 추정되는 수페르사우루스의 목 길이는 14미터입니다. 되돌이후두신경은 목을 왕복하니 최소한 목 길이의 두 배인 28미터 이상 되는 신경을 가졌을 것으로 추정합니다.

1부
생명에 관하여

우리 몸을 구성하고 있는 DNA를 살펴보면
의외로 진짜로 사용하는 부분은 적다.

그러다 보니 나머지 DNA 중에서
지금은 사용하지 않는 조상들의 유전자가 발견되곤 한다.

그래서 공룡을 조상으로 둔 닭의 DNA를 살펴보면
과거에 살았던 공룡의 DNA를
찾아낼 수 있는 것이다.

닭으로 공룡 만들기

티라노사우루스와 닭은
둘 다 수각류에서 '코일루로사우리아(Coelrosauria)'라는
같은 분류군에 묶여 있다.

쥬라기 공원은 현실적으로 불가능하다.

지금과는 기후도 다르고 식생도 다르고 공생하는 미생물도 모르는 상황에서 공룡 하나 덩그러니 만들어두면 공룡은 그대로 죽어버릴 것이다.

그러나 무엇보다 온전한 공룡 DNA를 화석으로부터 얻어내는 것이 불가능하다. 너무 오랜 시간이 흘러 많이 망가져버렸기 때문이다.

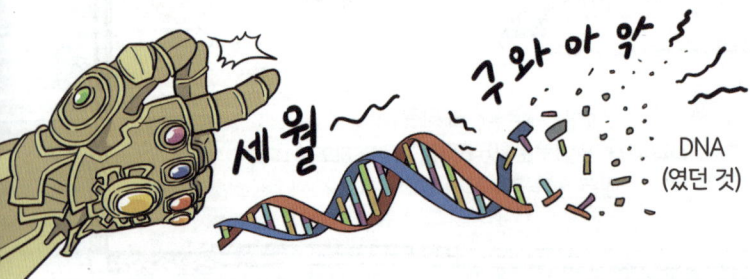

반면 지금도 살아있는 공룡, 새의 DNA를 살펴보면

우리가 흔히 '공룡'이라 부르는
중생대 시절 공룡의 DNA를 발견할 수 있으며

화석에서 가끔가끔 발견되는 DNA 쪼가리보다
훨씬 더 많은 공룡의 정보를 담고 있다.

따라서 새의 유전자에서 과거 공룡의 유전자를 발현시키고,
공룡과 차별화되는 새만의 유전자를 억제시키면

우리는 나름 공룡스러운 새를 얻어낼 수 있다.

브라키오사우루스나 트리케라톱스 같은 애들은 안 되나유?

그쪽 계통은 오늘날 살아있는 후손이 없어서 안 된당ㅠㅠ

육식공룡만 가능ㅇㅇ

이러한 시도를 하기 위해
그 많은 새들 중에서 과학자들은 하필
'닭'을 선택했는데

닭이 새들 중에서 꽤나 원시적인 축에 속한 이유도 있지만,

무엇보다 닭이 가장 많은 발생학적 연구가
진행된 새이기 때문이다.

닭의 유전자를 살펴보면, 지금은 쓰지 않지만
과거 공룡이었던 시절에 쓰인
'이빨'을 만들어낼 수 있는 유전자가 나타난다.

새의 발생 단계에서는 원래 배아의 이빨이 자라는 유전자가 억제되고
대신 각질이 덮이며 부리가 만들어진다.

이때 과학자들은 일부러 이빨이 자라는
유전자를 발현시켰고,

그 결과 이빨이 있는 닭의 배아를 만들어낼 수 있었다.

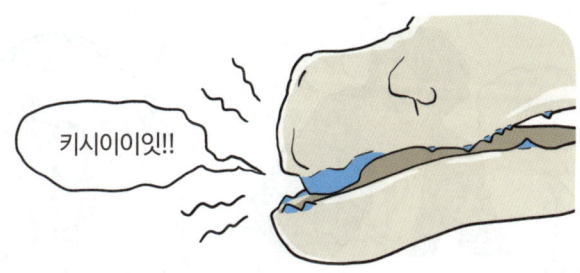

다음은 꼬리 만들기다. 닭뿐만 아니라
모든 척추동물은 배아 시절 꼬리가 있다.

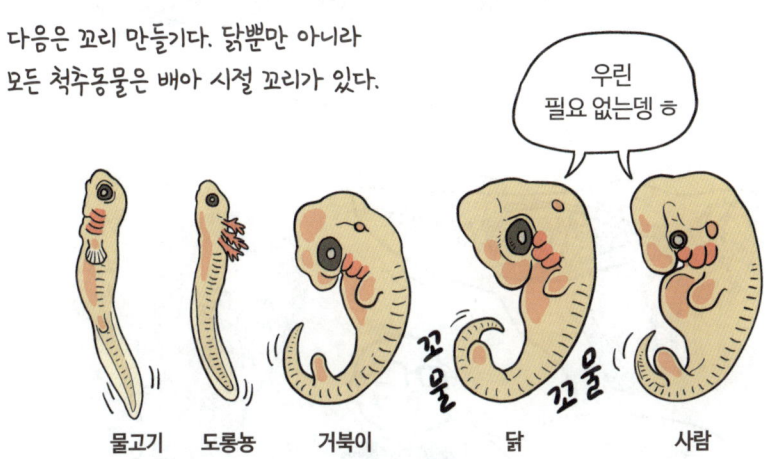

그러나 꼬리가 없는 종의 꼬리는
태아 시절 꼬리를 구성하는 세포가 자살하면서
올챙이 꼬리 사라지듯 서서히 사라지는데…

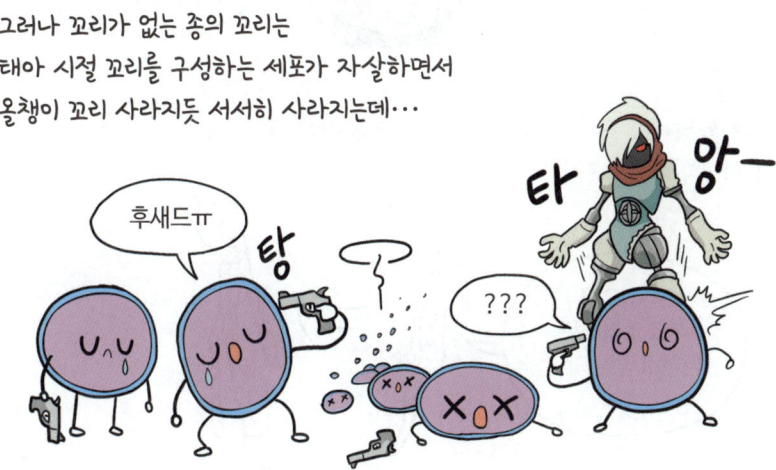

이때 꼬리가 사라지게 만드는 유전자를 억제시킨다.

그러면 공룡처럼 꼬리가 있는 닭의 배아를 만들어낼 수 있다.

그 외에도 날개로 붙어버린 손가락을 다시 복원시키는 등 공룡 시절의 형질을 복원시키면

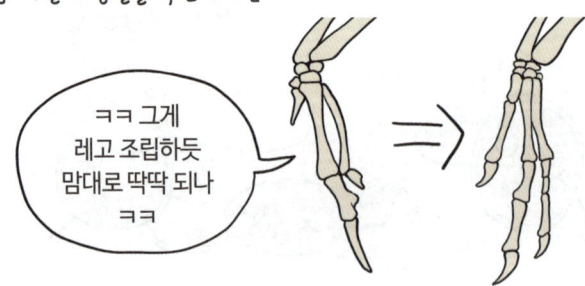

우리는 닭으로 만든 공룡,
즉 '치키노사우루스'를 얻을 수 있다.

키시싯!

시싯!

이미 기술적으로 어느 정도는 가능하다.

얼ㅋㅋㅋ
본인 방금
신제품 상상함!
ㅋㅋㅋ

다만 윤리적인 문제로 부화시켜 기르진 않고 있다.

이빨 달린 새는 다 어디로 갔나

공룡과 그 후손인 새가 뒤섞여 살던 중생대만 하더라도 이빨이 달려 무시무시해 보이는 새들이 있었습니다. 아쉽게도 오늘날에는 이런 멋진 새들이 없습니다. 이빨 없는 부리가 달린 새와의 경쟁에서 밀려 전부 멸종했기 때문입니다. 이빨 달린 주둥이는 보기에 강력해 보이지만, 실제로는 이빨 없는 부리가 기능적 측면에서 유용한 것으로 보입니다. 특히 대멸종처럼 생태계가 폐허가 되는 사건에서 부리를 지닌 새들은 땅속에서 오랫동안 보존되는 식물의 씨앗 등을 섭취하며 연명할 수 있어 굉장히 유리합니다.

새뿐만 아니라 다른 공룡, 거북, 해양파충류, 익룡에서도 이빨을 잃고 부리와 같은 입 구조를 갖춘 그룹이 독립적으로 나타났습니다. 그만큼 부리는 꽤 유용한 구조였던 것으로 보입니다.

부리에 이빨이
남아 있던 이크티오르니스
(중생대 백악기)

닭으로 만든 공룡스러운 배아조차
윤리적인 문제로 부화시키지 않은 만큼

사람의 배아로 실험할 때는
더 복잡하고 많은 윤리적 문제가 발생한다.

이러한 문제는 배아의 발생 단계에서
어디서부터 생명체로 봐야 하는가에 대한 논쟁에서 시작된다.

알이 먼저냐, 닭이 먼저냐

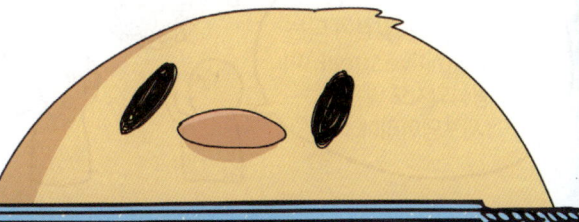

가톨릭에서는 정자와 난자가 만난 순간부터
인간 생명의 시작으로 본다.

아예 정자와 난자부터 생명체로 보는 시각도 있지만,
그렇게 가정하면 조금 섬뜩한 일이 벌어진다.

어디부터 '사람'으로 구별할 것인가는
아직까지 합의되지 못한 문제이며,

과학만화가 다룰 수 있는 부분도 아니다.

그러나 과학은 이런 논쟁 속에서 생명체가 무엇이고 어디서부터 시작됐는가를 이야기해줄 수는 있다.

옛날에는 생명체가 자연적으로 발생한다고 믿었다.

이러한 믿음은 꽤 오랫동안 지속되어
17세기까지 이러한 실험을 해댔다.

그러나 그러한 뻘소리는 19세기 루이 파스퇴르에 의해
완전히 박살 난다.

태초의 원시적 지구에서 등장한 DNA는 자신을 복제하며 수를 늘려갔다.

이후 DNA는 스스로 생존과 복제를 반복할 도구로
자신을 무장하기 시작했고,

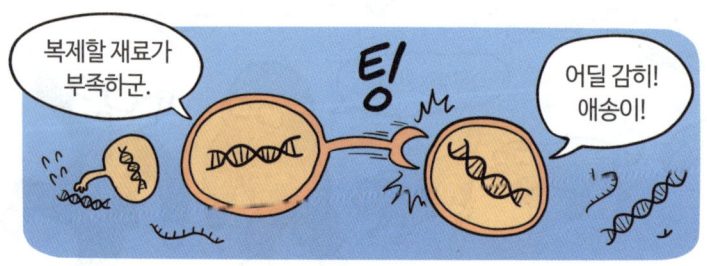

그게 우리들이다.

그래서 따지고 보면 '생명의 역사'는
이 성공적인 화학물질인 'DNA의 연대기'일 뿐이다.

그래서 생명체의 시작과 기준을 잡기 애매하다.
생명 자체는 불멸의 DNA에 의해 영속성을 띠며 쭉 이어져왔지만,

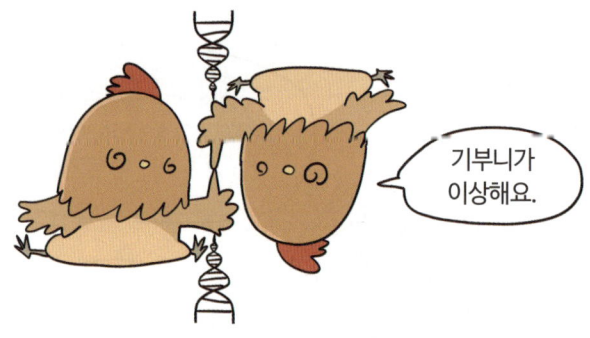

DNA가 잠깐잠깐 만들어내는 '생명체'는
만들어졌다 사라지기를 반복하는 한계성을 띠기 때문이다.

이러한 생명의 연장선상에서 생명체의 애매한 위치에 대해 에드워드 윌슨은 이런 말을 남기기도 했다.

태초의 RNA 세계

현재의 우리는 이중나선 구조의 DNA라는 유전물질을 대물림받으며 이어져 온 생명체입니다. 하지만 최초의 생명이 탄생하던 시기에는 단일 가닥인 RNA를 기반으로 했을 거라는 가설이 있습니다. 이 가설을 RNA 세계(RNA world) 가설이라고 합니다. RNA는 유전물질인 동시에 스스로 효소처럼 기능할 수 있습니다. 그래서 최초의 생명이 탄생하던 시기에는 이 RNA가 잔뜩 있었을 것으로 추측합니다.

그러나 단일 가닥인 RNA는 DNA에 비해 불안정하기에 이후 안정적인 이중나선 구조의 DNA로 대체되어 오늘날의 DNA 세계로 전환되었을 것으로 추측합니다. 하지만 아직도 RNA의 흔적은 남아있습니다. 오늘날 몇몇 레트로바이러스는 RNA를 유전물질로 사용하고 있고, 우리 몸에서도 다양한 가닥의 RNA가 효소로 기능하고 있습니다.

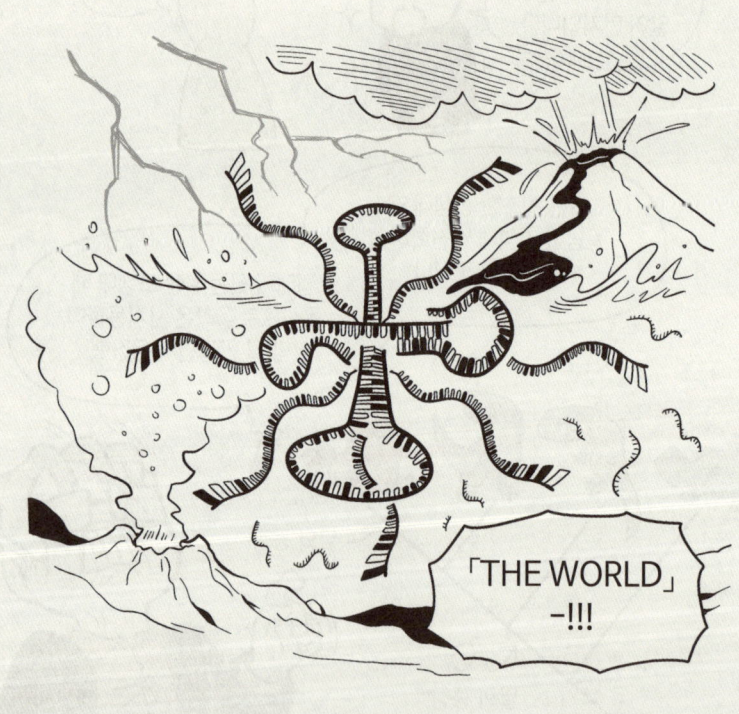

닭과 달걀의 기원

닭은 동남아시아에 서식하는 야생종을 8,000년 전쯤에 가축화한 종입니다. 야생종의 경우 대나무 숲에 서식하며 대나무의 종자를 먹고 삽니다.

적색야계
(야생 닭)

문제는 대나무가 몇 년마다 한 번씩만 꽃을 피우고 종자를 뿌리기 때문에 몇 년을 궁핍하게 버티다가도 개화 시기에 크게 한탕을 누리면 제대로 먹고 번식할 수 있어야 합니다. 그래서 야생 닭은 영양만 충분하다면 번식력이 굉장히 뛰어난 종으로 진화했습니다. 인간은 바로 이 점을 이용하고 있지요. 대나무의 개화 시기에 맞추어 살아가는 닭에게 1년 365일 매일 사료를 먹여가며 항상 충분한 영양 상태를 유지시키고 끊임없이 알을 받아내는 것입니다.

2부
곤충 이야기

곤충...!

곤충의 몸은 머리, 가슴, 배로 나뉘고

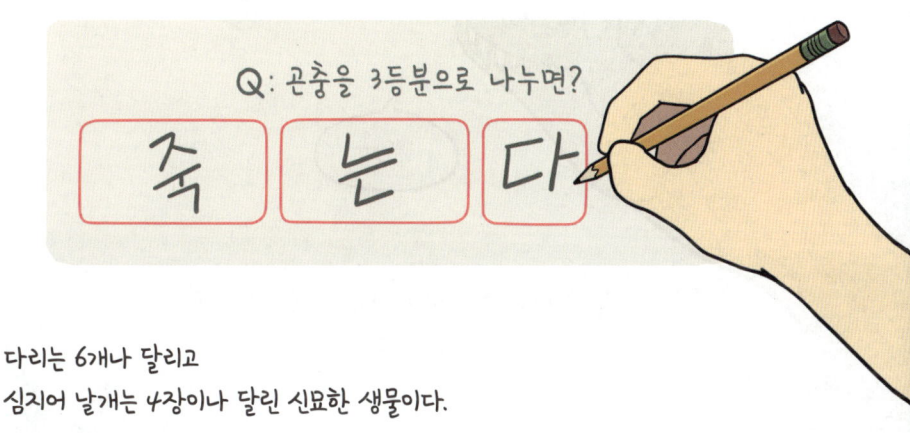

다리는 6개나 달리고
심지어 날개는 4장이나 달린 신묘한 생물이다.

3화
곤충의 합체된 머리

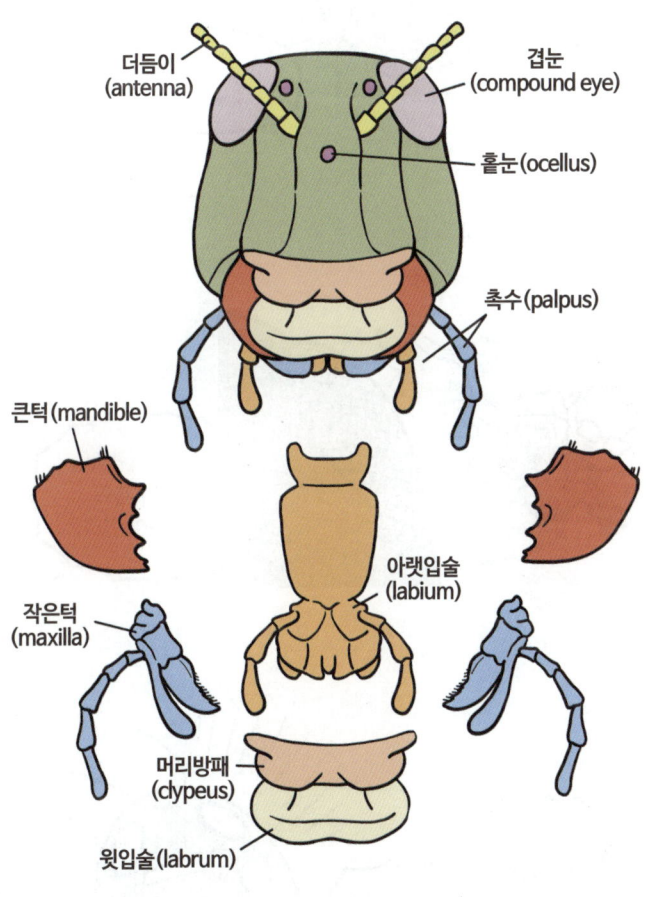

곤충의 머리에는 똘망똘망한 겹눈과
귀여운 홑눈이 있다.

여러 눈이 모여 있는 겹눈은
물체의 움직임을 잘 캐치하고

홑눈은…

빛과 어둠의 밝기를 구분한다.

절지동물이 가진 겹눈의 기원에 대해서는 두 가지 가설이 있다.

하나는 홑눈들이 양쪽으로 모여 생겼다는 설과

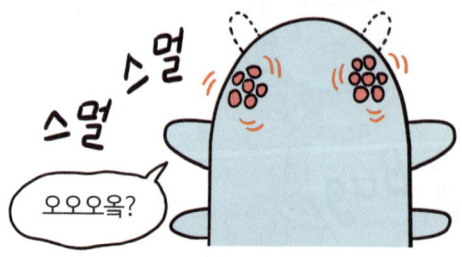

또 하나는 두 번째 다리 마디 끝에서
겹눈이 따로 생겼다는 설이다.

초기 절지동물의 화석 신경계 연구를 통해 알게 되었는데,
홑눈이 모여 겹눈이 된 것으로 밝혀졌다.

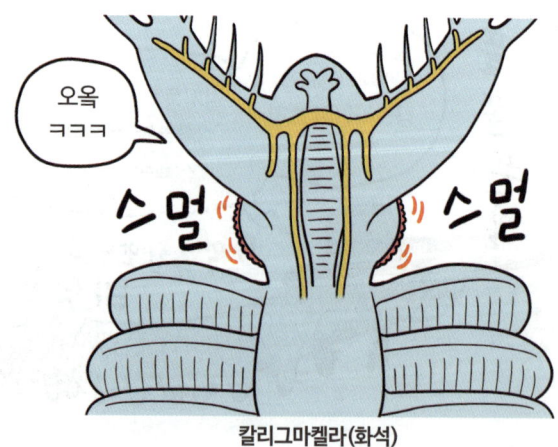

칼리그마켈라(화석)

그다음 곤충의 머리에서 특이한 곳은 입인데,
여러 개의 턱 주변에서 꼼지락거리는 것들이 많다.

이러한 구기(입틀)는 전부 조상 시절 다리들이 변형된 것이다.

곤충의 머리는 조상 시절
여러 마디가 합쳐지며 만들어졌기 때문이다.

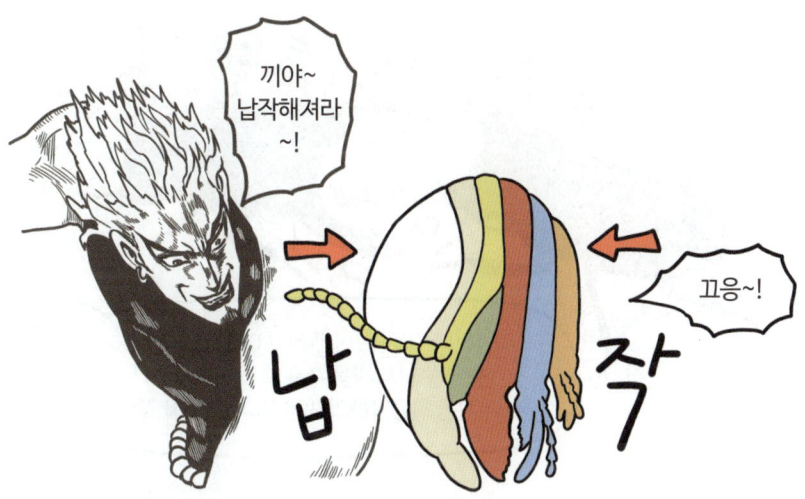

그리고 이 구기 역시 곤충들의 다양한 식습관에 의해

혹은 식습관과 무관한 다양한 용도로 쓰이면서
별의별 모습으로 진화했다.

합쳐진 마디 중에서 가장 첫 번째 마디는 지금 곤충에게
고작 윗입술이 되어버렸지만,

아주 오래전 절지동물(곤충 포함)과 같은 조상을 공유하던
아노말리카리스 같은 녀석들은 가장 첫 번째 마디의 다리를
굉장히 근사한 포획용 다리로 진화시키기도 했다.

곤충 머리에 달린 흥미로운 부분은
바로 곤충의 아이덴티티라고 할 수 있는 더듬이다.

곤충의 더듬이 기원이 되는 부속지는
두 번째 마디의 다리가 기원이다.

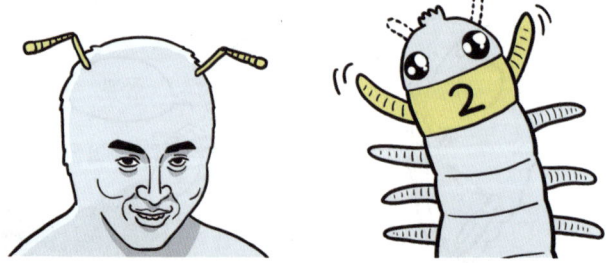

곤충의 조상인 갑각류는 세 번째 마디의 다리까지 더듬이로 진화시켜
더듬이가 두 쌍인 것이 특징인데

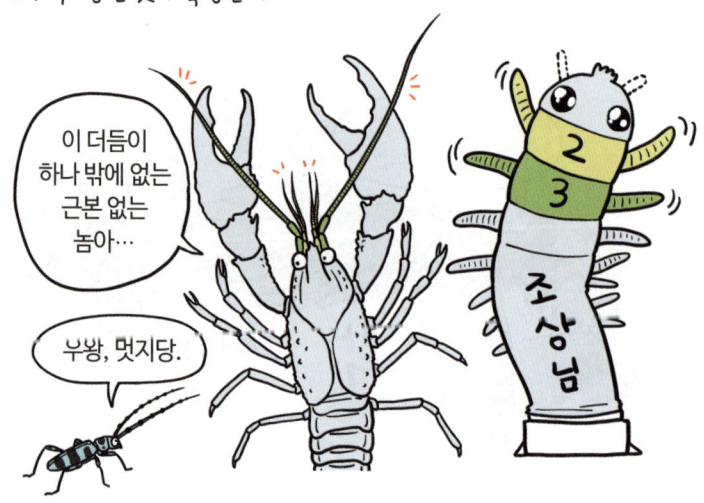

유생 시절에는 이러한 더듬이를 헤엄치는 용도로 사용하기도 한다.

오늘날 육상으로 올라온 곤충들은 더듬이를 감각기관으로 많이 발달시켰으며,

다양하게 변화된 곤충들의 더듬이 모양을 보면 짐작이 가능하다.

나방은 시각으로는 인지가 불가능한 수 킬로미터 밖 짝의 페로몬을 더듬이로 감지하고,

개미들은 아주 미세한 분자량의 페로몬 조합을
더듬이로 감지해 의사소통을 나눈다.

아메리카 대륙의 모나크 나비는 두 더듬이로 태양광을 감지해
방향을 인식하고 4세대에 걸쳐 5천 킬로미터를 왕복한다.

그러면 안 될 것 같지만, 거의 다른 다리 수준으로
더듬이를 발달시킨 몇몇 벌도 있다.

이렇게 곤충의 머리에는 다양하게 변형된
부속지가 주렁주렁 달려 있지만,

아직 곤충의 몸에서 가장 흥미로운 파트에 대해서는
살펴보지 않았다.

다리와 날개가 달려 있는,
기묘한 역사를 지닌 가슴이다.

곤충의 눈이 보는 세상

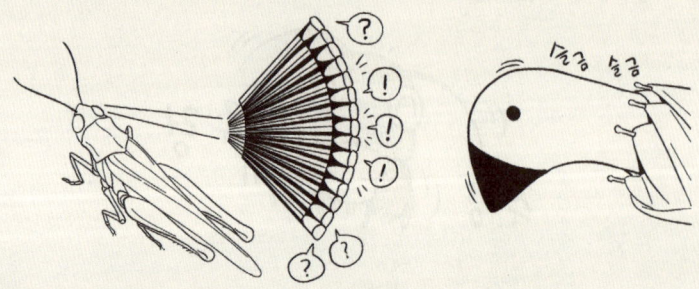

겹눈 겹눈은 주로 움직임을 감지합니다. 여기 100개의 눈으로 이루어진 겹눈을 가진 메뚜기가 있다고 칩시다. 포식자가 다가옵니다. 처음에는 포식자를 가장 정면으로 바라보고 있는 겹눈 3개에서만 포식자의 움직임과 그림자 같은 것을 감지합니다. 포식자가 가까이 다가오자 겹눈 100개 중에서 20개가 감지합니다. 포식자가 등 뒤 오른쪽 부근에서 접근한다는 사실을 알아차립니다. 포식자가 더 가까이 다가와 겹눈 100개 중 80개가 포식자의 움직임을 감지할 때쯤 메뚜기는 반사적으로 점프해 도망갑니다. 겹눈은 이런 식으로 작동합니다. 겹눈은 색상도 감지할 수도 있는데 이는 종마다 다르고, 종 내에서도 성별마다 다르고, 개체 내에서 눈 위치마다 다르기까지 합니다. 예를 들어, 낮에 날아다니며 화려한 꽃을 찾아다니는 벌과 나비 같은 주행성 곤충은 우리가 볼 수 있는 가시광선 영역뿐만 아니라 자외선과 적외선 영역까지 볼 수 있습니다. 반면 야행성 곤충은 몇몇 가시광선 영역 외에는 보지 못하는 경우가 많습니다. 특히 많은 곤충이 빨간색을 잘 못 봅니다. 그 외에도 화려한 무늬에 민감한 수컷들이 더 다양한 색을 볼 수 있는 경우도 있고, 생활사에 따라 눈 위와 아래가 각각 특정 색에 대해 민감하기도 합니다.

홑눈 홑눈은 빛에 민감한 기관입니다. 물론 홑눈이 없어도 겹눈으로 빛을 감지할 수 있고, 눈이 퇴화한 토양 혹은 동굴성 동물도 신체에 퍼져 있는 광수용체 기관으로 충분히 빛 정도는 감지해 낮과 밤 정도는 구분할 수 있습니다.

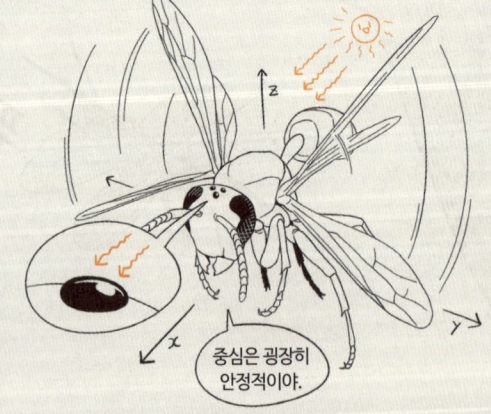

홑눈의 기능은 여기서 끝나지 않습니다. 빛의 방향(편광)도 감지할 수 있습니다. 그래서 곤충이 비행하고 공중에서 자세를 잡는 데 필수적입니다. 이러한 이유로 홑눈이 퇴화된 곤충이 많지만, 열심히 비행하는 곤충에게는 또렷하게 보존되어 있습니다.

아노말로카리스의 포획용 다리와 식성

59페이지 두 번째 컷처럼, 고생대 바다의 거대 포식자로 유명한 아노말로카리스는 삼엽충을 사냥하는 이미지로 굳어져 있습니다. 그러나 아노말로카리스의 포획용 다리가 딱딱한 삼엽충의 외골격에 타격을 줄 수 있을 만큼 견고한지 의문이 제기되어 왔습니다. 또 아노말로카리스에게 물린 자국이 있는 것으로 알려진 삼엽충은 페이토이아라는 다른 포식자에게 물린 것으로 밝혀지기도 했습니다.

아노말로카리스의 포획용 다리를 정밀하게 조사한 최근의 연구 결과, 이 구조를 앞으로 쭉 뻗은 자세로 빠르게 헤엄칠 수 있었던 것으로 밝혀졌습니다. 그리고 잘 발달한 눈으로 밝은 바다에서 빠르게 헤엄치는 부드러운 동물들을 사냥했을 것으로 추정됩니다. 따라서 딱딱한 외골격을 지닌 채 바다 밑바닥에서 사는 저서생물인 삼엽충과는 별로 접점이 없었을 수 있습니다. 게다가 빠르게 헤엄치면서 삼엽충을 사냥하려고 시도했다면, 오히려 포획용 다리가 다칠 위험이 있었을 겁니다.

'고망시류'라는 3억 년 전의 고생대 곤충을 보면,
날개가 무려 세 쌍으로 여섯 장이나 있었다.

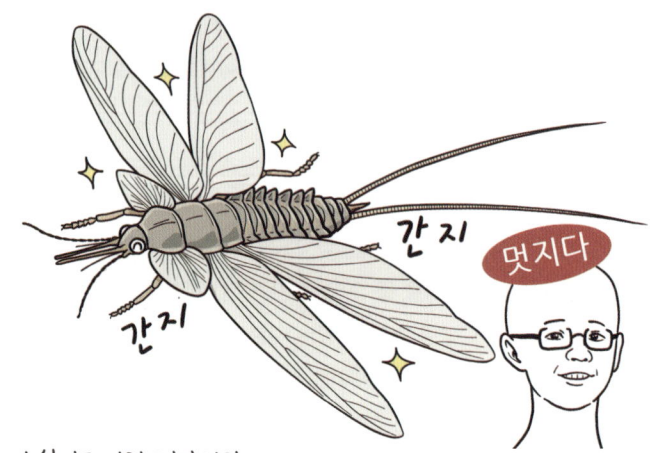

그러나 아쉽게도 이런 캐간지의
세 쌍 날개를 오늘날에는 볼 수 없다.

게다가 오늘날의 곤충은 가슴에 있는 날개를 한 쌍 더 없앨 기세다.

4화
곤충의 가슴과 윌리스턴의 법칙

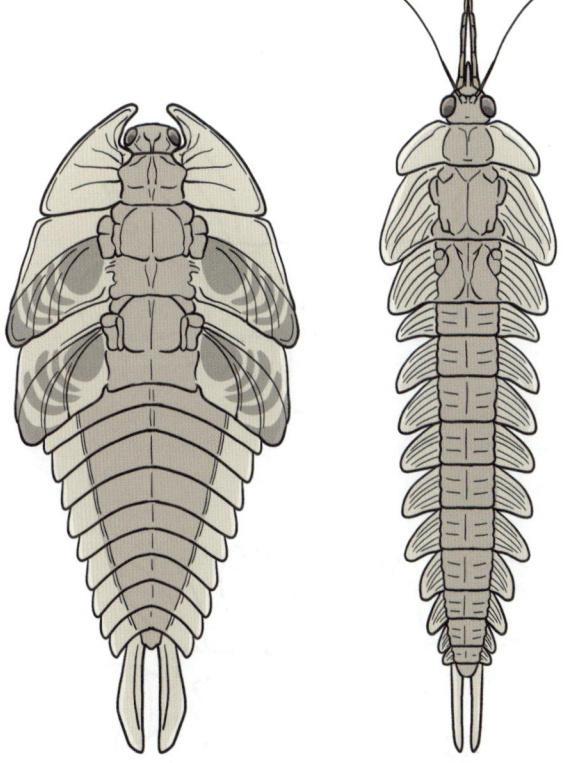

화석으로 남겨진 고망시류의 약충들

곤충의 가슴은 세 마디로 구성되어 있으며,
각 마디마다 한 쌍의 다리가 달려 있다.

그리고 두 번째 마디와 세 번째 마디에는
날개가 달려 있는데

화석으로 남아 있는 원시 곤충의 경우
첫 번째 마디에도 날개가 있었다.

그러나 날갯짓을 할 때 서로 부딪히는 것이 비효율적이고 불필요했는지

모든 곤충은 가장 첫 번째 마디의 날개를 퇴화시켰다.

쇠똥구리의 경우, 날개가 없는 첫 번째 마디 가슴에
뿔 같은 구조물을 가진 경우가 많다.

- 그렇게 크지도 않네

그런데 사실 이 뿔을 만들 때 첫 번째 날개의 퇴화된 유전자가 사용된다는 것을

뿔 대신 날개를 발현시키는 연구를 통해 밝힌 바 있다.

첫 시작은 애벌레가 번데기로의 탈피에 유용하게
쓰기 위해 생겨난 것으로 추정된다.

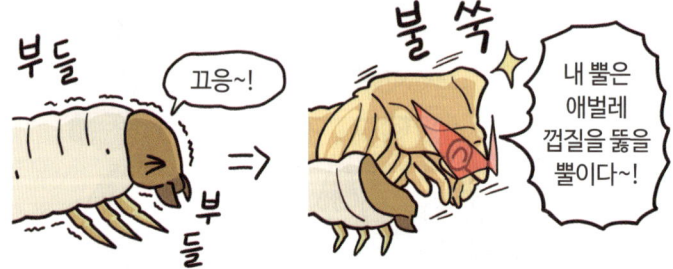

이후 이성에게 과시하기 위해,
수컷끼리 싸우기 위해 탈피용 뿔이 발달해 지금의 뿔로 진화한 것이다.

수많은 다른 딱정벌레들도 가슴에 뿔을 발달시켰으며,

그 외 다른 곤충들의 가슴쪽 구조물도
날개와 관련 있을 수…

이렇게 날개는 두 쌍만 남게 됐지만,
오늘날의 곤충들은 비행용 날개를 한 쌍 더 버릴 기세인 경우가 많다.

나비, 나방은 네 장의 날개를 가졌지만
앞날개가 뒷날개를 고정시켜 마치 두 장의 날개로만 퍼덕이듯 난다.

딱정벌레들은 비행할 때 이미 방어용 딱지가 되어버린 날개는 사용하지 않고
뒷날개 두 장으로만 날갯짓을 하며,

파리는 아예 뒷날개를 퇴화시켜 앞날개 두 장으로만 난다.

이처럼 곤충들은 날개 두 장만으로도 비행이 충분하며, 나머지 두 장으로는 아예 딴짓을 하는 경우가 많다.

이러한 현상을 '윌리스턴의 법칙'이라고 한다.

'윌리스턴의 법칙'이란
생명체의 단순하고 동일하게 반복적이었던 기관이

그 수가 줄어들면서 기능적으로 전문화되는 진화 현상이다.

이 현상은 곤충의 다리와 날개에서도 일어난다.

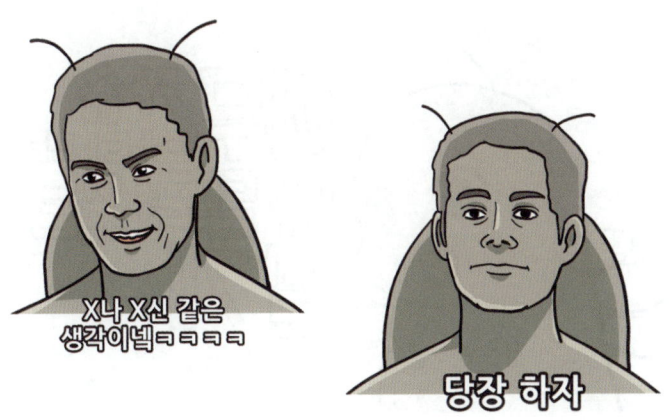

곤충의 조상은 단순하고 동일하게 반복적인 다리를 가졌지만

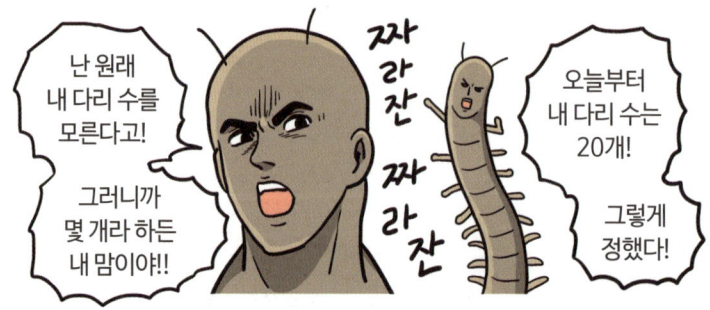

곤충은 다리의 수를 여섯 개로 줄이는 한편,
각 다리의 기능을 매우 전문화시켰다.

곤충의 날개도 처음에는 여섯 개였지만,

이와 같이 수를 줄이면서 전문화시키는
'윌리스턴의 법칙'이 일어난 것이다.

이러한 변형을 거치기 전,
조금 더 오래전에 곤충의 가슴에는 더 큰 사건이 있었는데

바로 날개가 돋아난 사건이며,
곤충이 갑각류였던 시절로 돌아가야 한다.

그래서 갑각류로부터 알게 된 것들

곤충의 등에서 날개가 돋아난 사건은 곤충학에서 큰 미스터리였습니다. '마치 천사처럼 등에서 돋았다'고 표현할 정도니까요. 그러나 육상 동물조차 물고기의 기존 구조를 변형시켜 탄생했습니다. 그만큼 진화의 역사에서 무언가를 새로 만들어 내는 과정은 드뭅니다. 알고 보면 기존의 것을 변형시켜 만들어졌다는 사실이 밝혀지는 경우가 많습니다. 곤충의 날개도 그렇습니다. 그래서 곤충의 날개가 무엇을 변형시켜 만들었는지 알아내기 위해 곤충의 조상인 갑각류에서 그 기원을 찾고자 했습니다.

처음에는 갑각류의 아가미에서 곤충의 날개와 관련된 유전자를 찾았습니다. 갑각류의 아가미는 다리에 붙어 있는 기관인데 어떻게 곤충의 가슴 위에 붙어 있을까요? 곤충의 가슴벽이 갑각류 시절의 다리가 붙어 만들어졌기 때문입니다. 갑각류의 다리는 여덟 마디인 반면, 그 후손인 곤충의 다리는 여섯 마디입니다. 몸통과 가까운 두 마디는 가슴에 융합되어 가슴벽이 되었습니다. 아가미 부분은 날개가 되고, 다리 근육은 날개 근육으로 변형시켜 쓰게 된 것으로 추측해볼 수 있습니다.

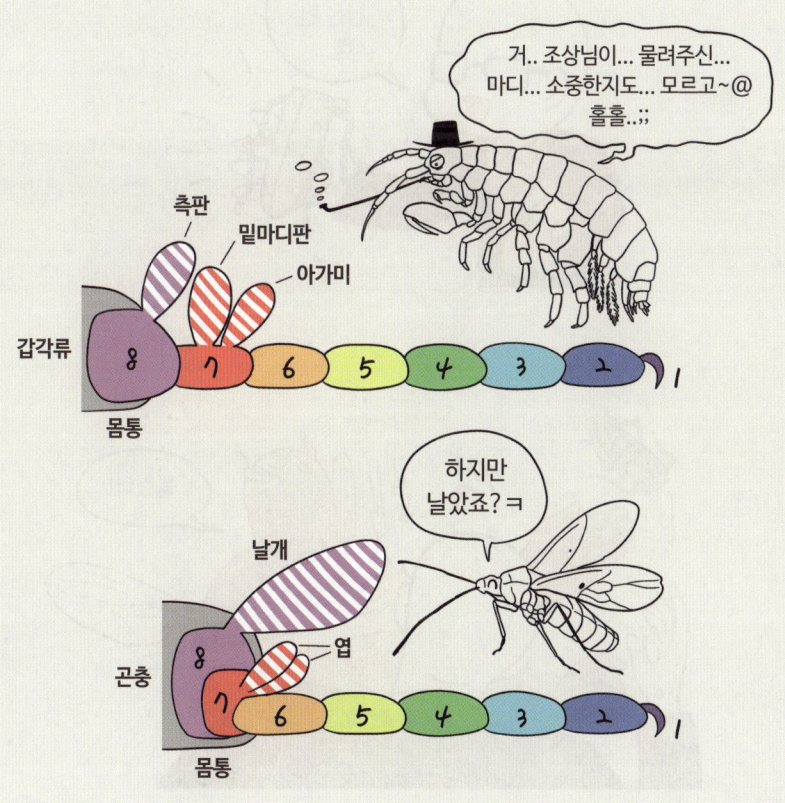

5화
곤충의 배와 혹스 유전자

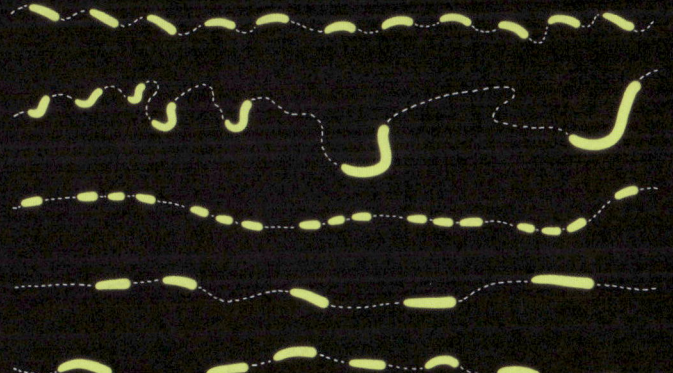

반딧불이의 다양한 발광 패턴
짝짓기 소통을 위해 복부 마디의 기관에서 빛을 낸다.

곤충의 몸은 흔히 머리, 가슴, 배로 나뉜다고 하지만,
딱 봤을 때 예쁘게 안 나눠지는 예시가 많다.

딱정벌레의 경우, 일부 가슴 마디가 아래로 내려와 배와 합쳐져 있다.

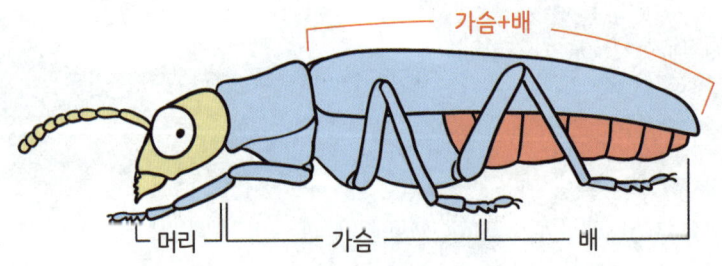

그래서 가슴 마디에만 있는 다리와 날개가
배때기(사실 배+가슴)에 붙어 있는 것을 볼 수 있다.

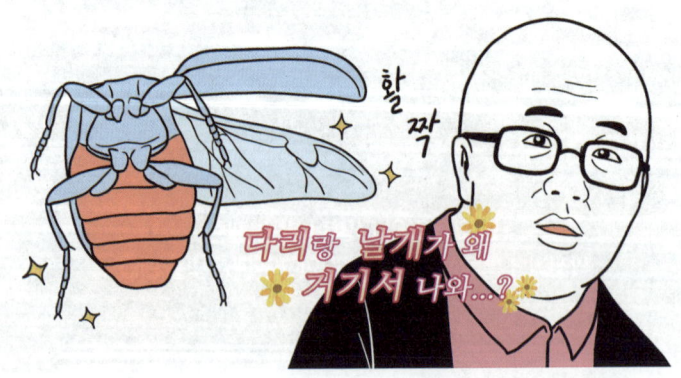

반대로 개미는 배 가운데가 확 쪼그라들어서

배의 일부가 가슴 쪽으로 올라와 붙어 있다.

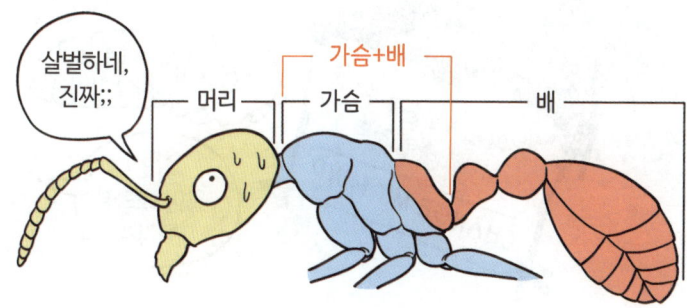

그러니 개미의 가슴은 '가슴+배'인 상태다.

일반적인 곤충의 복부는 11개의 마디로 이뤄져 있으나

그 이하로 줄어든 경우도 많으며,
앞서 소개한 것처럼 이상하게 변형된 경우가 많다.

곤충의 조상되는 절지동물, 더 오래전의 엽족동물 때부터
복부가 될 마디마디에도 다리가 한 쌍씩 있었는데,

오늘날의 곤충은 복부에서 이것들이 전부 사라졌지만,
가장 원시적인 곤충인 좀벌레나 돌좀의 경우
복부에 이 다리들의 흔적이 남아 있으며

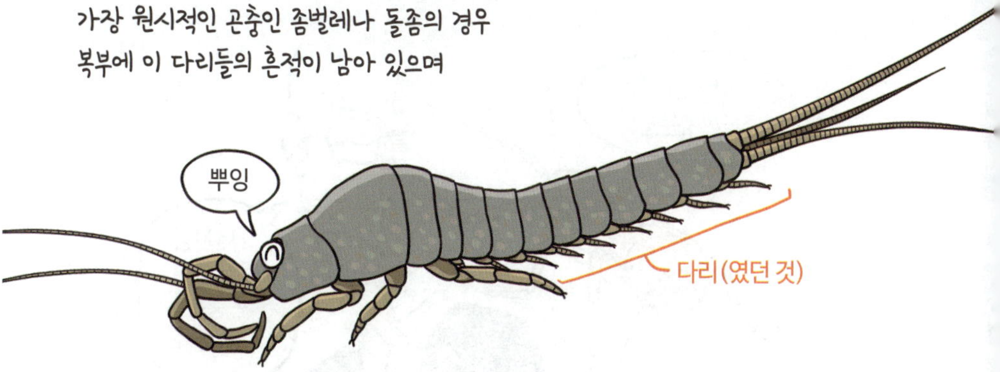

뿌잉

다리(였던 것)

지금은 멸종한 고생대의 원시곤충 화석을 보면,
복부에 다리가 주렁주렁 달려 있는 모습을 볼 수 있다.

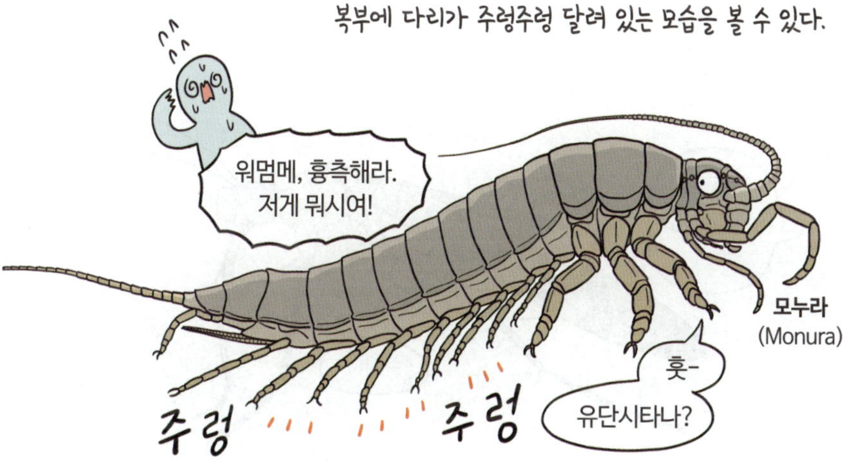

워멈메, 흉측해라.
저게 뭐시여!

모누라
(Monura)

훗-
유단시타나?

주렁   주렁

그래도 복부 끝마디에는 과거 다리였던 부분이
부속지로 남아 있는 경우가 꽤 있다.

이런 이런,
전부 퇴화할
줄이야.

그러면 살아남은
나의 승리군★

그중 일부는 이 부속지를 꼬리처럼 길게 늘어뜨려 감각기관으로 쓰거나

밑들이 같은 일부 곤충의 수컷은 집게처럼 진화시켜
짝짓기를 할 때 암컷 꽁무니를 꽉 붙잡는 용도로 사용한다.

집게벌레는 아예 방어나 공격용으로 발달시켰다.

어떻게 곤충의 몸은 이렇게 머리, 가슴, 배가
딱딱 예쁘게 나뉘어 있을까?

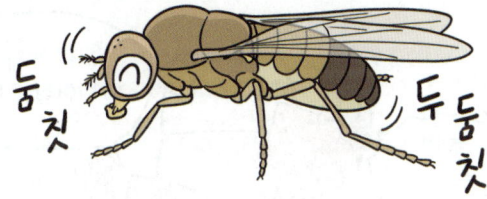

그건 바로 '혹스 유전자'가
각 마디를 담당하고 있기 때문이다.

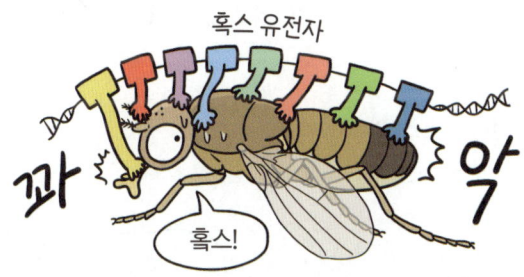

'혹스 유전자(Hox gene)'는 1980년 '초파리가 어떻게
머리, 가슴, 배로 나뉘어지는가'를 밝히면서 발견된 유전자다.

이러한 혹스 유전자는 각 마디를 담당하면서
마디마다 '개성'을 띨 수 있게 한다.

주로 특정 유전자를 특정 마디에서
발현시키거나 억제하는 식이다.

덕분에 원래는 개성 없이 단순한 마디와 다리가
반복되는 구조의 조상에서

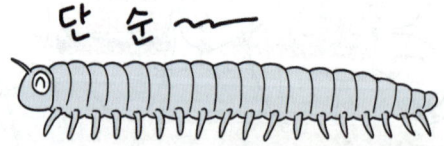

마디마다 개성이 있고 다양한 기능을 가진 부속지를 갖출 수 있게 된 것이다.

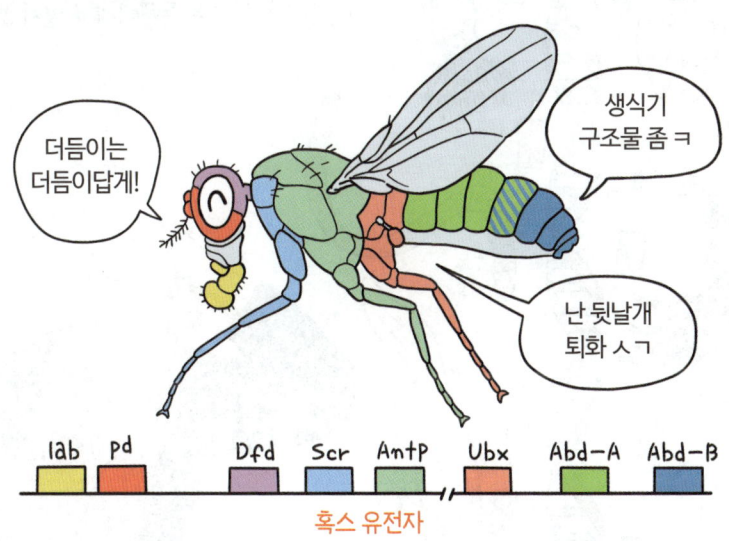

만약에 달랐다면...

좌우지간 이 발견은 모든 동물을 관통하는 기본적인 신체 설계가 유전자 수준에서 존재한다는 것을 보여주었다.

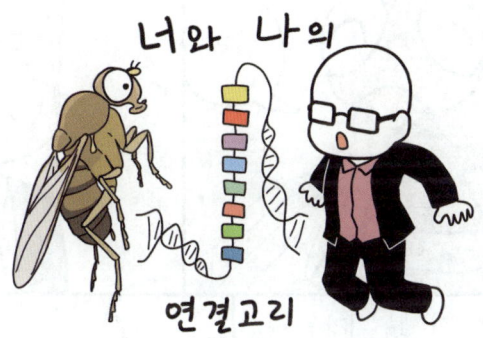

그래서 노벨상을 받았다.

그리고 재발굴되는 어느 거장의 실언.

불가사리는 오각형 왕대가리

혹스 유전자 같은 유전자들을 통해 생물의 몸이 어떻게 설계됐고 발현되는지를 알게 되었습니다. 그러면 동물 중에서도 신체 구조가 가장 특이한 불가사리는 어땠을까요? 대부분의 동물이 좌우 대칭의 몸 구조를 가진 반면 불가사리와 같은 극피동물은 방사 대칭의 특이한 구조를 지니고 있습니다. 이 구조를 기존 동물의 신체 구조를 기반으로 설명하기 위해 여러 가설이 있었습니다. 게다가 불가사리 같은 극피동물과 가장 가까운 동물이 바로 우리 척추동물이었거든요. 최신 연구 결과, 불가사리의 몸 대부분은 머리라는 사실이 밝혀졌습니다. 어떻게 오각형의 몸을 갖게 되었는지 오랫동안 궁리했는데, 알고 보니 오각형 왕대가리였던 것입니다.

가끔 메뚜기가 대량 발생했다는 뉴스를 들을 수 있다.

메뚜기의 대량 발생(1)

무리 지어 다니는 메뚜기는 두 가지 형태가 있다.
풀무치의 경우…

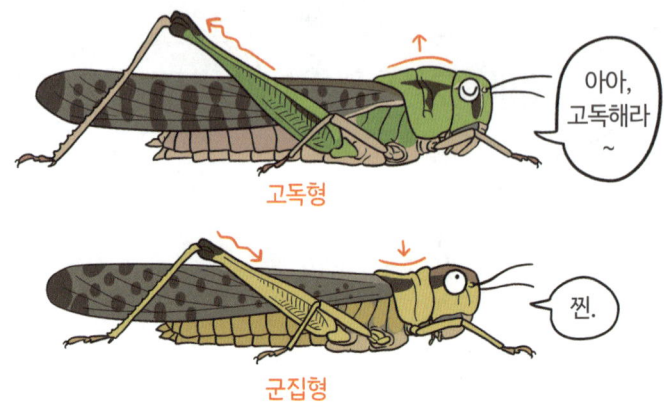

평소에는 고독형의 모습으로 개별 행동을 하지만

약충 시절, 집단 내에서 개체 수가 많아지면

비행에 적합한 군집형 모습으로 바뀌고 우르르 몰려다닌다.

같은 메커니즘인지 밝혀지진 않았지만,
여치나 귀뚜라미 종류 중에서도 개체 밀도가 높아지면

비행에 적합하게 날개가 긴 장시형 개체가 나오기도 한다.

메뚜기들이 이렇게 개체 밀도에 따라 모습이 바뀌는 것은
장내 미생물과 관련 있다.

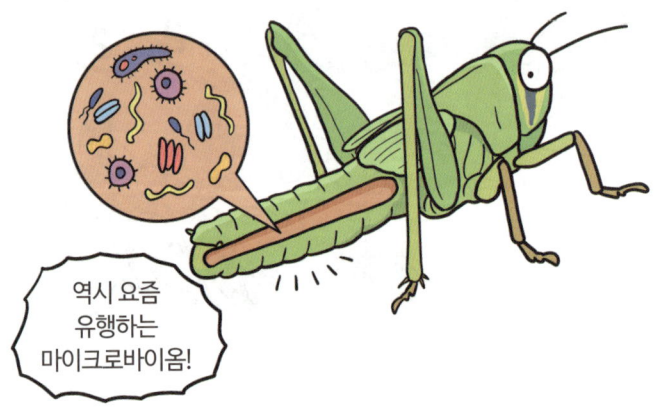

장내 미생물은 특정 페로몬을 내뿜는다.

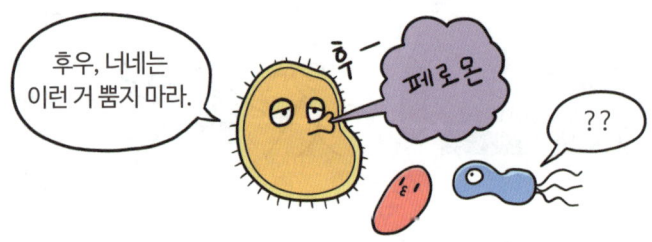

그러다 개체 밀도가 높아지면서 메뚜기 주위의
페로몬 농도가 높아지면 세로토닌의 분비가 활성화되고,

이 세로토닌은 메뚜기를 군집형으로 만든다.

세로토닌은 굉장히 오래된 신경물질로,
수많은 동물의 체내에서 다양한 작용을 한다.

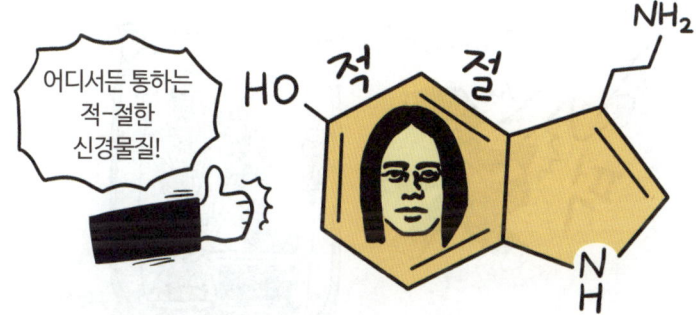

인간의 경우 세로토닌이 행복감을 느끼게 하며,
부족하면 우울증에 걸린다.

그러니 행복감을 원하면 군집형 메뚜기를 키우면서
수시로 흡이ㅂ…

세로토닌에 의해 군집형으로 변신한 메뚜기는
외모만 바뀌는 것으로 끝나지 않는다.
이들의 행동도 바뀐다.

고독형일 때는 서로가 서로를 기피하며
이리저리 중구난방으로 먹이를 찾으러 다닌다.

그러나 군집형이 됐을 때는
서로가 서로를 기피하지 않고 잘 붙어 있을 뿐만 아니라,
주변 메뚜기의 움직임을 따라 하며 질서 있게 움직이고

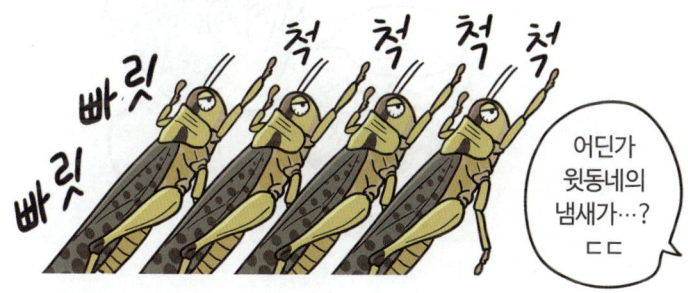

단체로 이동해서 먹어 치우고,
다시 단체로 이동하며 먹어 치우는 경제적 행동 패턴을 유지한다.

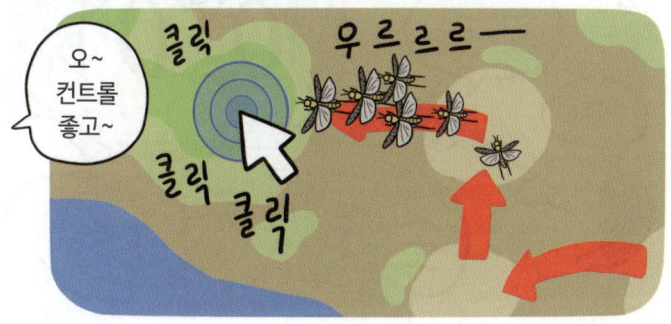

이러한 변화를 통해 원래라면 환경이 감당할 수 없었던 개체 수였지만,

서로 힘을 합쳐 생존력을 높이고

다른 종과의 경쟁에서 승리할 수 있게 된다.

특히 사막의 메뚜기들은 알 상태로 건기를 버티다가
우기가 되면 깨어나는데

불규칙해진 기후에 의해 건기가 몇 년 지속되면

수년 동안 메뚜기 알이 땅속에 축적된다.

그러다 우기가 오면
어마어마한 양의 개체 수가 동시에 땅 위로 올라와
하늘이 안 보일 정도의 메뚜기떼가 형성되곤 한다.

물론 이렇게 되면 인간의 농사는 망한다.

표현형적 가소성

고독형 메뚜기가 개체 밀도가 많아져 형태와 행동, 생리학적 특성까지 바뀌어 군집형 메뚜기로 전환될 수 있는 건 두 가지 버전의 유전 정보를 이미 모두 갖고 있기 때문입니다. 다양한 유전 정보를 사전에 갖고 있다가 환경이 바뀌면 이를 발현시켜 다양한 표현형으로 적응하는 이 잠재력을 '표현형적 가소성(phenotypic plasticity)'이라고 합니다. 메뚜기뿐만 아니라 많은 생물이 이러한 표현형적 가소성을 지니고 있습니다.

예를 들어 물벼룩은 포식자를 감지하게 되면 자신을 방어할 가시를 만듭니다. 식물은 주변 환경의 상태에 따라 뿌리와 잎의 발달을 조절합니다. 일반적인 꿀벌 애벌레에게 로열젤리를 주면 여왕벌이 될 수 있는 것도 무엇이든 될 수 있는 유전적 잠재성을 지녔기 때문입니다. 환경 변화에 따라 발현 양상만 바뀐 것뿐입니다.

이러한 표현형적 가소성은 급격한 환경 변화에 적응할 수 있는 완충적 역할을 할 수 있습니다. 다양한 방식으로 살아갈 수 있는 잠재력을 갖고 있는 것이니까요. 전문가들은 앞으로 100년간 인간에 의해 전례 없는 속도로 기후가 바뀔 것이라 예상하고 있습니다. 진화는 세대를 거치며 일어난다고 하지만, 한 개체가 일생 동안 이처럼 급격한 변화를 겪게 될 때 표현형적 가소성은 생존과 적응에 있어 매우 중요한 무기가 될 수 있습니다.

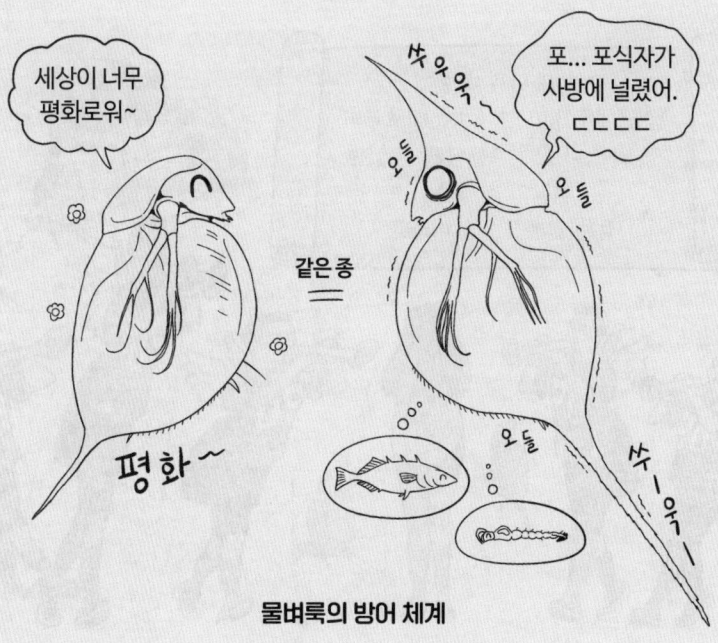

물벼룩의 방어 체계

인류의 여러 기록에서도 메뚜기떼에 대한 두려움을 찾아볼 수 있다.
성경에서 모세가 이집트를 탈출할 때도 등장하고,

역사 기록은 아니지만,
성경에서 종말을 예언한 요한계시록에도 나온다.

7화

메뚜기의 대량 발생(2)

메뚜기떼에 대한 기록은
우리나라 《삼국사기》에도 있고,
《조선왕조실록》에도 자주 나온다.

숙종 10년(1684년)에는 경기도 포천

숙종 26년(1700년)에는
충청도, 황해도, 평안도

정조 5년(1781년)에는
호남 지방에 메뚜기떼가 심각하자
해충을 쫓아내는 제사
'포제(酺祭)'를 지내기도 했다.

아메리카 대륙에는 '로키산메뚜기'라는 밑들이메뚜기가 극성이었다.

19세기 말에 로키산메뚜기는 12조 5천 억 마리가 떼를 지어 다니며

아무것도 모르고 서부를 개척하러 온 백인들에게 어마어마한 피해를 안겼다.

미스터리하게도 이 메뚜기는 30년 만에 멸종했는데,

사람에 의한 서식 환경 변경 탓인지 그 정확한 이유는 모른다.
지금으로선 추측만 할 뿐이다.

지금은 로키 산맥 빙하 속에
지층과 같이 쌓여 있는 모습으로 만나볼 수 있다.

옛날에는 메뚜기에 의해 농작물이 황폐화되면
할 수 있는 게 없었던 인간은 메뚜기를 잡아 먹는 것으로 대응했다.

이후에는 알을 낳는 땅을 갈아엎기도 하고,
화염방사기로 지지는 등 다양한 시도를 했다.

20세기 초에는 예상 가능하듯 강력한 살충제로 대응했다.
이는 꽤 효과적이었으나,

메뚜기만 죽이는 것이 아니라 사람의 생명을 포함한
생태계 전반에 악영향을 미쳐 금지되었다.

지금은 허용 가능 범위의 살충제를 사용해 방제하며

실제로 2014년 우리나라 해남에서 발생한 풀무치떼는
2~4일 만에 방제에 성공했다.

생물학적인 방제를 위한 연구도 진행되고 있다.

메뚜기만 골라 죽이는 균이 있는데

이 균을 활용해 2009년에 탄자니아 국립공원에서 발생한 메뚜기떼 방제에 성공한 경험이 있다.

죽이지 않고 군집형 메뚜기를 진정시키는 연구도 있다.

감염된 메뚜기의 장이 산성화되는 균도 있다.

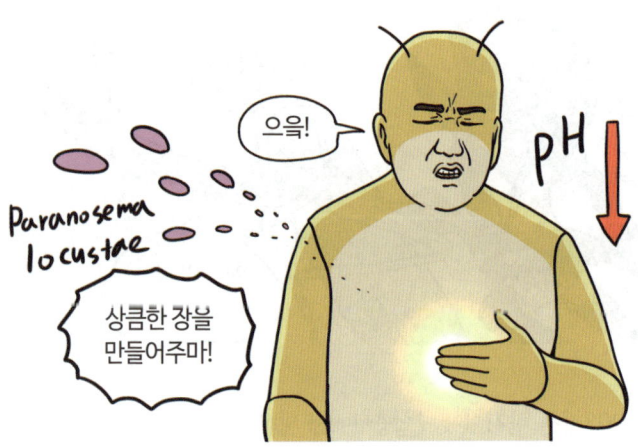

이렇게 되면 페로몬을 뿜던 장내 미생물이 죽고

페로몬이 사라지면 세로토닌 분비가 줄어들어 군집형 메뚜기가
다시 고독형으로 돌아오게 만들 수 있다.

2020년 초에는 아프리카 메뚜기떼가
4천 억 마리의 무리를 이루어 파키스탄을 거쳐 중국으로 날아왔다.

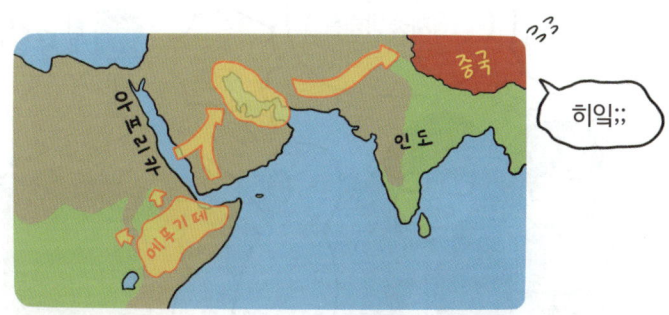

중국은 이에 대응해 메뚜기를 먹어 치울
10만 마리의 오리 부대를 파키스탄에 투입하기로 했는데

해당 지역은 더운 사막이라 오리한테는 너무 힘들 것 같아 무산됐다.

난 난나라 난난나~ 나라나라 난난나~♪

으악, 시체촉수물이라니;;

살아났다!

기적이야!

벌떡

마치 자금성의 황제 같군요!

... 이건 구라였고, 중국 정부는 농약을 치기로 했다.

메뚜기가 군집형이 됐을 때

고독형 메뚜기가 무리 지어 다니는 군집형이 됐을 때 형태와 생리, 행동 등 여러 가지가 바뀝니다. 6~7화에서 얼추 소개했지만 조금 더 자세하게 소개하면 다음과 같습니다.

1) 몸의 형태는 좀 더 작아집니다. 날개는 더 길어져 비행에 적합해집니다. 색깔은 약충 시기부터 노란색이 되는데, 포식자에게 보내는 경고 신호이기도 하고 서로를 알아보는 표식이기도 합니다.
2) 군집형의 목표는 '이 (개체수 조절 망해 버린) 세대를 가능한 한 생존시켜 빨리 다음 세대로 넘기기'로 볼 수 있습니다. 그래서 고독형보다 빨리 자라고 암컷의 산란 양도 줄어듭니다. 집단으로 뭉쳐 있는 만큼 면역 체계도 바뀌어 대체로 전염병에 강해지지만, 고독형에 비해 취약해지는 면도 있습니다.
3) 서로가 서로의 행동을 보고 따라 합니다. 또 동족 포식을 막습니다.

사막메뚜기의 아웃 오브 아프리카

아프리카의 사막메뚜기는 각시메뚜기아과에 속합니다. 사막메뚜기는 영어로 'Bird grasshopper(직역하면 새메뚜기)'라고 불릴 만큼 비행 능력이 뛰어납니다. 아프리카에서 발생한 사막메뚜기가 바다를 건너 다른 대륙까지 날아가기도 합니다. 300킬로미터의 홍해를 넘어 아라비아반도로 건너가는 일은 흔하고, 가끔 지중해를 넘어 유럽으로 날아가기도 합니다. 1954년에는 영국까지 날아간 적도 있고, 1988년에는 6천 킬로미터를 날면서 대서양을 건너 카리브해에 도착하기도 했습니다. 아메리카 대륙에는 사막메뚜기의 친척들이 여러 종으로 분화되어 있는데, 실제로 아프리카의 조상 종이 대서양을 건너와 분기한 것입니다.

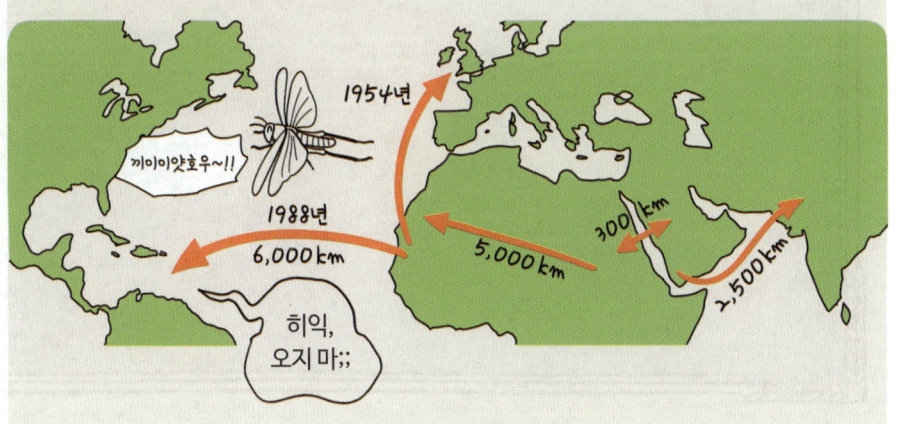

3부
섬 그리고 생물지리학

8화

소문의 오키나와앞장다리풍뎅이

Cheirotonus jambar ♂

Cheirotonus jambar ♀

'앞장다리풍뎅이'라고 불리는 동남아 곤충이 있다.
수컷의 팔이 유난히 기다랗고 몸집도 거대하다.

정말 완벽하게 멋져.

수컷들은 암컷을 두고 이 긴 팔로 싸운다.

여러분도 여성에게 자신이 뛰어난 수컷임을 증명하고 싶다면
한번 시도해보자.

그러나 평상시에 앞장다리풍뎅이는
긴 팔로 어기적거려서 새한테 자주 먹힌다고 한다.

그런데 이 긴 팔의 앞장다리풍뎅이가
일본 오키나와에 산다는 소문이 있었다.

쿠로사와 박사는 오키나와 출신의
동료 나비학자로부터 흥미로운 소문을 듣는다.

1961년에 쿠로사와 박사의 동료인 슌이치 박사는
이런 말을 주워듣기도 하고

1963년에는 이런 말을 주워듣기도 한다.

슌이치 박사는 이 소문을 쿠로사와 박사에게 전하지만,
그는 믿지 않았다.

그러다 20년이 지난 1982년, 오키나와에서 암컷 앞장다리풍뎅이의 몸통 부분이 발견되어 쿠로사와 박사에게 전해진다.

그리고 1년 후인 1983년, 불빛에 날아온 완벽한 수컷 성충이 발견되고

1984년까지 여러 성충과 유충이 채집되어 쿠로사와 박사에 의해 신종 보고된다.

여기서 특이한 점은 이렇게 거대하고 매력적인 딱정벌레가
곤충 덕후가 굉장히 많은 일본에서
뒤늦게 발견됐다는 사실이다.

여기에는 많은 곤충 애호가들이 오키나와를 찾는
여름이 아니라 늦가을에 성충이 나와서
시즌이 엇갈렸다는 점,

서식지 접근이 힘들었다는 점 등이 이유로 꼽힌다.

하지만 무엇보다도
오키나와앞장다리풍뎅이의 개체 수가 이미 많이 사라져서
그때부터 멸종 위기에 처한 곤충이라는 이유도 있었다.

당시 <월간 무시> 편집장에 의해 사육되며
어느 정도 습성이 밝혀졌는데

암컷이 알을 10~20개만 낳을 뿐만 아니라
부화율도 낮았다.

또 성충이 되기까지 3년이나 소요되는
긴 유충 시절을 갖고 있어 작은 환경 변화에도 취약했다.

그래서 오키나와앞장다리풍뎅이는
1985년에 국가 천연기념물로 지정되어 보호받게 되었다.

한국과 달리 일본에서는 외국 곤충을 수입해서 사육하는 것이 합법이지만,

다른 해외 앞장다리풍뎅이의 수입만은 금지하고 있다.

수입된 해외 앞장다리풍뎅이가 방생되었다가는
자칫 오키나와 종의 서식지를 침범해 생태적 위치를 뺏을 수 있고,

만약에 오키나와앞장다리풍뎅이와 교잡이 일어나면
보존해야 될 고유종이 교란될 수 있기 때문이다.

동아시아의 고지리학

최근 3만 년 동안 해수면이 바뀌면서 한반도와 제주도, 일본 열도, 오키나와(류큐 열도), 대만, 중국 대륙이 연결과 분리를 반복했습니다. 이러한 지리적 변동에 따라 생물이 이주했다가 고립되기를 반복하며 독특한 생물지리적 특성을 갖추게 되었습니다.

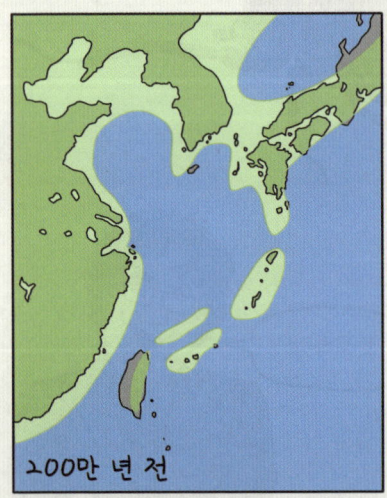

한반도와 일본 열도가 연결돼 있었고, 제주도는 아직 형성되지 않았다. 대만과 일본 사이로 연결되었던 류큐 열도는 분리되어 있었다.

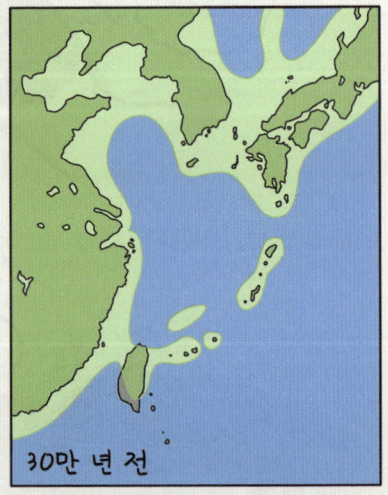

해수면이 조금 하강했다. 120만 년 전부터 바다에서부터 형성이 시작된 제주도 부근은 육상으로 노출되어 한반도와 연결되어 있다. 류큐 열도의 일부는 대만과 연결되어 있다.

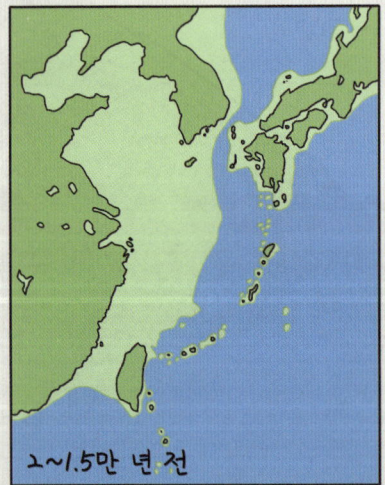

마지막 빙하기의 영향으로 해수면이 크게 하강했다. 황해가 소멸해 한반도, 중국, 대만이 연결되었다.

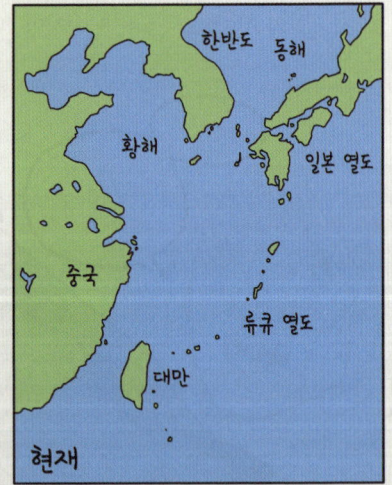

쉬어 가는 코너

135

로드하우섬은 호주 동쪽에 위치한 작은 섬이다.

이 섬에서 발견된 아주 거대한 대벌레가 있는데

1920년, 인간에 의해 2년 만에 멸종했다.

사라졌던 대벌레

9화

Dryococelus australis ♂   Dryococelus australis ♀

이 대벌레는 '로드하우섬 대벌레'라고도 불리며 'Tree lobster'라는 또 다른 이름이 그 덩치를 잘 표현해준다.

크기는 최대 20cm이며 날개는 없고, 수컷은 암컷보다 작지만 두꺼운 허벅지를 갖고 있다.

옛날에 이 대벌레는 너무 흔해서 낚시 미끼로 썼다고 한다.

그러나 1918년, SS 마캄보라는 증기선이 섬에 정착했을 때 쥐가 생태계로 유입됐고

1920년, 고작 2년 만에 이 대벌레는 섬에서 사라지게 된다.

호주와 뉴질랜드 같은 오세아니아 지역에서 쥐는 악명 높다.

그쪽 동네에는 원래 쥐가 없었다.

그래서 쥐의 생태적 위치를 대신하는 쥐만 한 꼽등이 같은 것이 나오곤 했는데,

사람과 함께 쥐가 유입되면서

여러 생물의 서식지를 침범해
알이나 새끼를 잡아먹었고,

여러 토착 생물을 멸종 위기에 처하게 하거나 멸종시켰다.

뉴질랜드의 멸종 위기종이 된
유일무이한 옛도마뱀
'투아타라'

로드하우섬도 예외는 아니었는데,

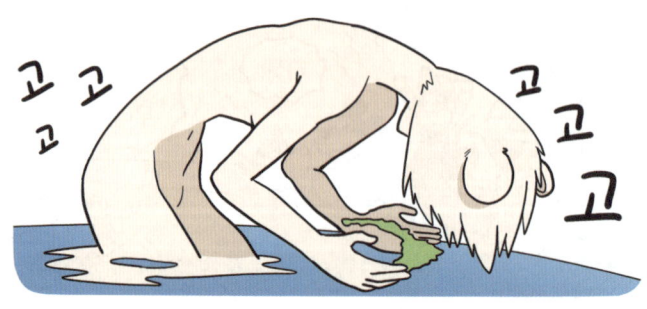

대벌레뿐만 아니라 수많은 도마뱀, 달팽이, 딱정벌레의 개체 수에 타격을 주며

안정하게 유지되던 작은 섬의 생태계에 큰 금이 갔다.

여기서 호모 사피엔스는 더욱더 멍청한 짓을 저지른다.

깽판 치는 쥐를 잡겠다고 외부에서 올빼미를 데려와 풀어 놓았고

결국 그 지역의 토착 새를 싸그리 전멸시키는 결과를 야기했다.

그러나 1964년 로드하우섬에서 20km 떨어진
조그만 바위섬에서

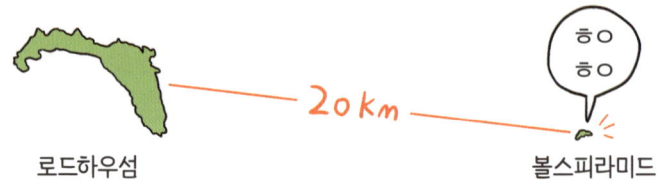

멸종한 줄 알았던 로드하우섬대벌레의 시체 쪼가리가 발견된다.

그러나 이후 살아있는 것이 발견되지는 못해
1920년 이후 멸종한 것으로 간주되었다.

그러다 2001년, 시체만 발견되었던
조그만 바위섬을 조사하던 중

'멜라루카'라는 고유 식물 아래에서
거대한 곤충의 배설물이 발견됐다.

똥이 발견된 곳을 밤에 다시 찾아가보니…

멸종한 줄 알았던 로드하우섬대벌레
24마리가 발견됐다.

그 작은 바위섬의 절벽에서
고유종인 조그만 식물 군락을 먹으며
간간히 명맥을 이어온 것이었다.

이후 발견된 대벌레들은 호주 멜버른 동물원으로 전달되어
번식을 위한 복원 사업이 펼쳐졌고

의외로 성공적으로 번식에 성공했다.

2014년에 그 조그만 바위섬의 정상에서 한 번 더 대벌레들이 발견됐는데,
이를 통해 야생에서 '멜라루카'라는 고유종 말고
다른 식물도 먹는다는 사실을 알게 됐고,

2017년에는 1920년에 전멸한 원래 로드하우섬의
개체 표본에서 DNA를 뽑아

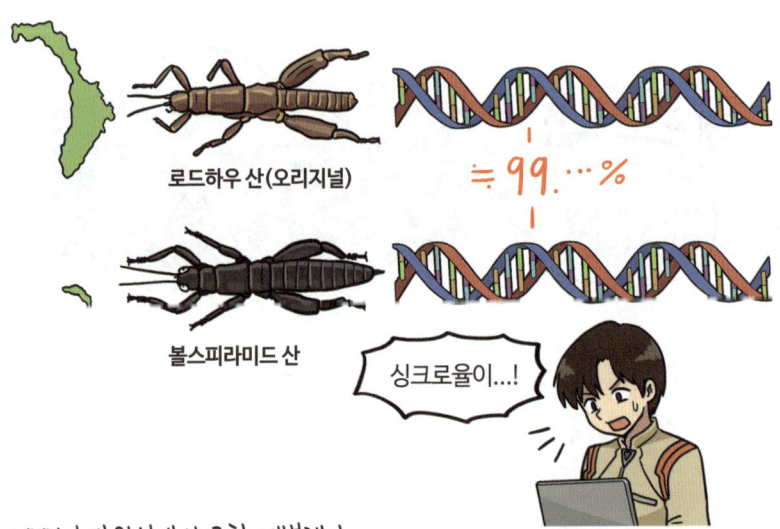

그 쪼그만 바위섬에서 나온 개체랑
염기서열이 1%도 차이가 안 나는 것을 확인해

2001년 바위섬에서 구한 대벌레가
진짜로 멸종했던 종이 맞음을 확인해주는 재미있는 연구가 나오기도 했다.

내가 멜버른 동물원을 방문했을 때
이 녀석을 볼 기회가 있었다.

그런데 웬걸! 여행 마지막 날 12시에 왔는데
대벌레는 오전 10시 반에만 살짝 전시하고 바로 철수한다는 것이었다.

그래서 로드하우섬대벌레를 영접하지 못하고
그냥 귀국해야 했다는 슬픈 썰이 있다.

비슷한 이유로 멸종 위기에 처한 뉴질랜드의 동물을 구하는 방법

오세아니아 지역인 뉴질랜드에는 쥐나 고양이 같은 포유류가 없었으나, 인간과 함께 건너 들어오게 되었습니다. 그 결과 몇몇 동물은 먹잇감이 되거나 생존경쟁에서 밀려 로드하우섬의 대벌레처럼 멸종 위기에 처하게 되었죠. 그중 몇 가지 예시를 소개해보겠습니다.

1) 공룡 시대의 생존자, 투아타라

투아타라는 오늘날의 도마뱀과 비슷해 보이지만, 훼두목이라는 별도 분류군에 속하는 파충류입니다. 훼두목은 2억 4천만 년 전 트라이아스기 시기에 오늘날의 도마뱀과 갈라졌고, 플레우로사우루스 같은 수서 파충류가 등장하며 번성했지만, 지금은 뉴질랜드에 투아타라 딱 한 종만 생존해 있습니다(141쪽).

2) 세상에서 가장 무거운 곤충, 리틀 배리어 자이언트 웨타

자이언트 웨타의 속명은 데이나크리다(Deinacrida)입니다. '무서운 메뚜기'라는 뜻이죠. 평균 몸길이는 75밀리미터에 평균 몸무게는 9~35그램이지만, 임신한 암컷이 70그램까지 측정된 적이 있어 세상에서 가장 무거운 곤충으로 기록돼 있습니다. 꼽등이를 닮았으나 사촌지간 정도에 불과하고, 실은 원시적인 여치입니다. 무시무시한 이름과 덩치에 비해 초식성이며 새끼는 유입된 쥐들에게 곧잘 사냥당한다고 합니다(140쪽).

3) 가장 오래 살며 움직이지 않는 모드섬 개구리

모드섬 개구리는 육상 개구리로 물갈퀴도 없고 습한 땅에 알을 낳습니다. 새끼는 올챙이가 아닌 개구리 상태로 바로 부화하고, 대신 성숙해져 독립할 수 있을 때까지 수컷이 등에 업고 다니며 보살핍니다. 40년까지 사는 것으로 밝혀져 개구리 중 가장 오래 사는 종입니다. 하지만 10년에 겨우 1.3미터만 이동하는 탓에 가장 좁은 서식지를 가진 척추동물로 밝혀져 있습니다.

이런 독특한 생태계가 쥐와 같은 침입종에 의해 위협당하자, 뉴질랜드는 역사상 전례 없는 기획을 합니다. 울타리로 완전히 둘러싸 고립된 자연 보호 구역을 만든 것입니다. 예전에는 '카로리 야생동물 보호구역'이라는 이름으로 불렸는데, 지금은 '질랜디아'라는 이름으로 개명했습니다. 이 울타리는 쥐나 고양이, 토끼, 족제비 등 소형 포유류가 기어오르거나 지하로 파고 들어가지 못하도록 설계됐으며 실제로 성공적이었습니다. 그럼에도 불구하고 쥐는 완전히 차단되지 않아 지속적인 모니터링으로 잡는다고 합니다. 앞에서 소개한 투아타라, 자이언트 웨타, 모드섬 개구리가 이 구역에 방사되어 서식하고 있습니다.

코모도왕도마뱀은 세계에서 가장 큰 도마뱀이다.

인도네시아 일부 섬에만 서식하며

인도네시아 현지에서는 '오라',
영어로는 '코모도드래곤'이라는 이름으로도 불린다.

10화

코모도왕도마뱀은 정말 코끼리를 사냥했나

← 오랫동안 코모도왕도마뱀의 입안에 득실거리는 박테리아가 치명적인 감염을 일으켜 사냥감을 죽이는 것으로 알려져 있었다.

↑ 그러나 최근에 아래턱에서 독을 분비하는 독샘이 발견됐다.

어떤 섬의 생물이 유독 큰 것,
즉 '섬 거대화'에 대해서는
여러 설명이 있다.

원래 살던 지역에서는 포식자나 환경 요인에 의해
크기에 제한이 있었는데

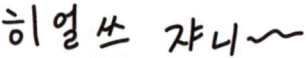

섬에 오니 그런 방해꾼들이 사라져서
그 제한이 해제된 것이라고 주로 설명된다.

몸집이 크면 좋은 점이 많기 때문이다.

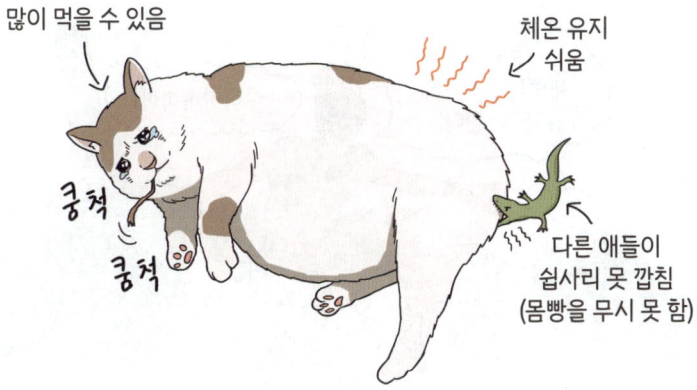

오늘날 코모도왕도마뱀의 주식은 사슴과 물소이므로
거대한 몸집은 사냥에 유리하다.

그러나 이들을 사냥하기 위해
거대한 몸집으로 진화한 것은 아닌 듯 보인다.

화석 기록을 봤을 때, 섬의 사슴과 물소는
인간이 들어오면서 함께 데려온 것으로 추측된다.

따라서 코모도도마뱀의 몸 크기가 커지는 진화가 일어난 뒤에 섬으로 이주해온 먹이라는 뜻이다.

그래서 필독서의 저자로 유명한 한 생태학자는

코모도왕도마뱀이 코끼리를 사냥하기 위해
커졌다고 설명했다.

섬의 생물들이 거대해지는 '섬 거대화'와 반대로
섬의 생물들이 특이하게 작아지는 '섬 왜소화'도 관찰된다.

하와이의 따오기
(멸종)

마다가스카르
주변 섬의
카멜레온들

푸에르토리코,
쿠바의 냥글보(별송)

심지어 공룡한테서도 관찰된다.

브라키오사우루스

에우로파사우루스

이 역시 저마다의 사연과 설명이 있다.

· 제한적인 먹이 ·

· 경쟁자나 포식자가 없으니 굳이 몸집 키워서 경쟁할 필요 없음 ·

그런데 마침 코모도왕도마뱀이 서식하는 섬에
'섬 왜소화'를 겪어 소형화된 두 종의 코끼리가 서식했다는
화석 증거가 있었다.

그래서 코모도왕도마뱀이 섬 왜소화를 겪은
코끼리를 사냥하기 위해 몸집이 커졌을 거라고
가정해볼 수 있던 것이다.

그 외에는 적당히 거대한 먹이가 없기에
참 그럴싸한 가설이었다.

추측) 코모도왕도마뱀이 커진 이유.jpg

그러나 최근 호주에서 발견된 화석을 연구한 결과,
코모도왕도마뱀의 기원은 호주였고
그때부터 이미 크기가 컸다는 게 밝혀졌다.

그리고 그 당시 호주에는 '메갈라니아'라고 불린 5~7m 길이의 거대한 왕도마뱀이 있었다.

코모도왕도마뱀은 이 괴물들과 공존하며 경쟁했기에 사실 작은 축에 속했다.

호주에는 꽤 다양한 유대류가 서식하지만,
왕도마뱀들과 생태적 지위가 크게 겹치지 않았기에

왕도마뱀들은
자기들끼리 경쟁하며
몸 사이즈를 진화해갔다.

즉, 왕도마뱀의 거대한 사이즈는 섬 거대화가 아니라
호주의 독특한 생태계가 낳은 결과물이다.

심지어 메갈라니아는 초창기에 정착한
호주 원주민과 공존하기도 했다.

으아악!!

퀘스트
메갈라니아 토벌

보수금 1500z
목적지 호주
제한시간 50분
생태 정보
몬스터 출현

으헤헤, 이 몸집으로
호주에 계속 유입되는 인간들이랑
맞장 떠야지.

좋아.

그러나 이 몸집이 인간을 상대로 쓰이는 일은 거의 없었다.
1만 년 전 플라이스토세 후기에 메갈라니아를 포함한 호주의 거대 동물군이
거짓말처럼 멸종됐기 때문이다.

이제 코모도왕도마뱀은 섬과 같은 고립된 환경에서
일부만 생존해 우리 곁에 남아 있는 것이다.

호주의 몇몇 유대류도 상황이 비슷했다.

하지만 운명은 달랐다.

왕도마뱀을 보니 티라노사우루스에게 입술이 있었을 것 같다?

공룡에게 도마뱀처럼 입술이 있었을까, 없었을까에 대한 논쟁은 아직 해결되지 않았습니다 《만화로 배우는 공룡의 생태》 참고). 그러나 최근에 새로운 화석과 코모도왕도마뱀을 근거로 티라노사우루스에게 입술이 있었을 것이라는 연구가 제시됐습니다.

티라노사우루스가 입술 없이 이빨을 까놓고 다녔다면, 외부에 노출된 이빨의 한쪽 면에 마모된 흔적이 있어야 할 겁니다. 그러나 티라노사우루스의 이빨 화석을 조사해보면 특별히 한쪽 면이 마모된 흔적은 발견되지 않습니다. 이전에는 입술로 이빨을 덮기에는 티라노사우루스의 턱과 이빨이 너무 크고 두꺼워 어려울 것으로 예측했습니다. 그러나 입술이 확실히 있는 코모도왕도마뱀을 포함한 다른 왕도마뱀들의 두개골 길이, 이빨의 길이를 비교해 보았을 때 티라노사우루스 같은 육식공룡도 충분히 입술을 갖고 있었을 수 있다고 예측해볼 수 있습니다.

섬에서는 왜 이렇게 특이하고 희귀한 생물이 많이 나올까?

그러나 애석하게도 희귀하다는 것은
멸종에 가깝다는 것을 의미하며

섬은 생물이 멸종하는 곳이다.

11화

주머니늑대와 섬의 저주

주머니늑대는
턱을 최대 80도까지 비정상적으로 벌릴 수 있었다.

유대류는 호주와 아메리카 등지에 서식하는 포유류의 일종으로,

앨프리드 러셀 월리스
(생물학자. 지도의 섬들을 탐사하다가 자연선택에 의한 진화의 아이디어를 떠올리고 다윈한테 편지 씀)

오늘날 태반류와는 중생대 때 갈라져온 독자적인 집단이다.

신기한 것은 독자적으로 진화해왔는데 오늘날의 태반류와 비슷한 점이 너무 많다는 것이다.

그중에서 태반류 개과에 상응하는 유대류로 주머니늑대가 있었다.

주머니늑대는 원래 많은 종이 번성했고,
과거에는 호주 대륙에도 서식했으나

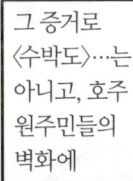

그 증거로
〈수박도〉…는
아니고, 호주
원주민들의
벽화에

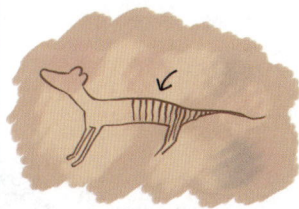

과거 서식했던
주머니늑대의
모습이
그려져 있다.

인간이 데려온 야생화된 개(딩고)에 밀려
호주 대륙에서 전멸했다.(의 떠리 상상도)

결국 빙하기에 섬과 호주 대륙이 연결됐을 때 넘어간
태즈메이니아의 주머니늑대만 잔존했으나

이마저도 유럽인이 이주해오면서 끝이 났다.
유럽인들은 처음에 주머니늑대가 호랑이인 줄 알았다.

이후 주머니늑대가 인간의 목장을 습격해
양을 잡아먹는 피해를 입히자

포상금까지 걸어가며 악을 쓰고 사냥했고,

1936년 마지막 주머니늑대가 사망함으로써
완전히 멸종하게 되었다.

애초에 면적과 자원이 제한적인 섬은
대형 육식동물이 서식하기 적합한 곳이 아니다.

그래서 개체 수에 약간의 치명타를 입게 되면
곧바로 멸종의 문턱을 넘고 마는 것이다.

이는 대형 육식동물뿐만 아니라
섬의 모든 생물에게 해당되는 문제다.

섬은 제한적인 환경이라 수용할 수 있는 종이 한정되어 있다.

이러한 섬의 특성은 오래전 유럽인들이
배를 타고 오지를 탐사할 때부터 슬금슬금 알던 사실이었다.

그러나 섬에는 외부에서 계속 새로운 종이 유입되기 때문에

평형이 이루어지기 위해서는
반드시 누군가 사라져야 한다.

지금부터
서로
죽여라.

그래서 고립된 환경 특성상 섬에서는 새로운 종이 우후죽순 탄생하기도 하지만,

대 륙

가차없이 종이
사라지는 곳이기도 하다.

대부분의 멸종은 섬에서 일어났다는 사실이 이를 증명한다.

특히 섬은 제한적인 환경이라 외부 침입에 취약하다.

하와이의 새들은 모기, 쥐 등의 유입으로 24종이 멸종했다.

게다가 오늘날 인간 문명이 자연을 침범하면서
기존의 넓은 서식지들은 작은 섬으로 쪼개졌다.

섬과 똑같이 제한적인 면적으로 쪼개진 서식지가
수용할 수 있는 생물의 수는 많지 않다.

결국 섬에서 멸종이 일어났듯이
쪼개진 서식지는 붕괴한다.

최후의 태즈메이니아 원주민

태즈메이니아의 원주민들은 유럽에서 이주민이 건너온 이후, 대량 학살을 통해 말 그대로 박멸당했습니다. 마지막으로 남은 최후의 태즈메이니아 원주민 남성은 별 볼 일 없이 살다 죽었지만, 그의 시체는 죽어서도 고생을 했습니다. 이제는 볼 수 없는 귀중한 인류 샘플이었기 때문에 시체의 소유권을 두고 영국 의사학회와 태즈메이니아 왕립학회가 충돌했기 때문입니다.

결과적으로 태즈메이니아 왕립학회가 시체를 가져가기로 했지만, 귀중한 샘플을 포기할 수 없었던 영국 왕립학회의 한 의사가 몰래 시체보관소에 침입해 두개골을 적출하고 백인의 두개골을 끼워 넣은 뒤 대충 봉하고 도망치는 일이 발생합니다. 이를 발견한 태즈메이니아 왕립학회는 더 이상의 샘플을 뺏기지 않기 위해 팔다리를 절단해 이를 챙긴 뒤 시체를 매장했다고 합니다. 이후에도 태즈메이니아 왕립학회는 샘플이 부족하다고 느껴 시체를 다시 꺼내 여러 부위를 적출하고 남은 신체 부위만 매장했다고 합니다. 이 일 때문에 최후의 태즈메이니아 원주민 여성은 자신이 죽으면 똑같은 일을 당할까 두려워했는데, 그 여성 역시 죽은 뒤 해부되어 골격 표본이 이곳저곳에 전시되는 일을 막을 순 없었습니다.

12화

제주도의 메뚜기를 찾아서

사실 '시시해서 죽고 싶어졌다'고 하기엔
아직 공부할 게 너무 많습니다 ㅎㅎ;;

제주도는 약간 디지몬 세계 같은 곳이다.

일단 가운데에 큰 화산이 있고
그 주위에 다양한 환경이 존재한다.

열대림도 있고 한랭한 지역도 있고…
다양한 월드(?)가 존재한다.

무엇보다 이곳에서 독자적인 생물들이 진화해왔다.

한라산 고위도 지역에는 북방계 곤충들이 고립되어
제주도만의 고유종이 많이 서식하며

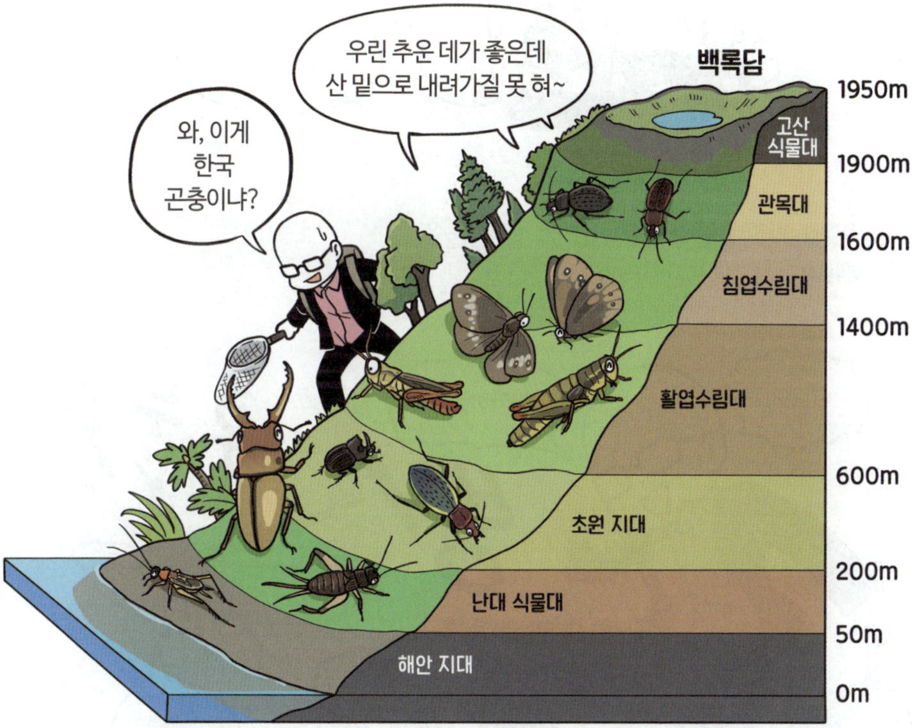

섬이기 때문에 한라산 아래로는 지리적으로 격리되어 있으면서도
아열대스러운 기후 덕에 생물 다양성이 폭발해 있다.

그래서 '나는 메뚜기의 종류 100가지 이상을 알고 있다'에
당당하게 대답하기 위해서는 제주도를 가지 않으면 안 되는 것이다!

제주도에서 만날 수 있는 메뚜기 중에
'분홍날개섬서구메뚜기'라는 종이 있다.

우리가 발로 풀을 차면 뛰어다니는 메뚜기들은
대부분 그냥 '섬서구메뚜기'다.

그런 흔캐들 사이에 귀한 분홍색 날개를 가진
또 다른 종이 있는 것이다.

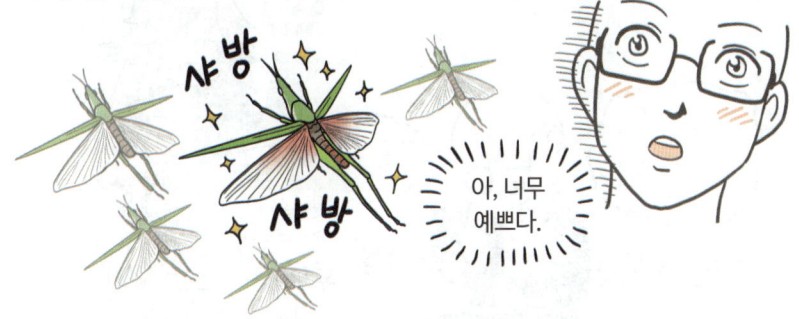

분홍날개섬서구메뚜기는 비교적 최근인
2000년대에서야 국내에 존재가 알려졌다.

이 '분홍날개섬서구메뚜기'는 가거도와 제주도 남부에 서식한다.

그러나 가거도는 너무나 오지이기에···
어쩔 수 없이 제주도에서만 찾으러 다녔다.

그러다 우연히 마라도 가는 선착장 앞에서
꽤 많은 개체 수를 만날 수 있었다.

그리고 이렇게 한번 보면 다른 곳에서 계속 보이기 마련이다.
곤충은 잘 잡는 것도 중요하지만,
발로 뛰어 서식지 찾는 것도 중요한가 보다.

제주도 메뚜기는 아니지만, 우리나라 메뚜기 중에서
분홍 날개를 가진 다른 종으로 '홍날개메뚜기'와 '참홍날개메뚜기'가 있다.

홍날개메뚜기는 예나 지금이나 보기 드문 종이며,
일본에는 극소수의 개체군만 생존해 있다.

참홍날개메뚜기는 과거 서울에서도 간간히 살던 존재였지만,
이제는 굉장히 보기 드문 몸이 되셨다.

바닷가에 채집을 가면 늘 '바다방울벌레'를 찾으러 돌아다녔다.

곤충인데도 여차하면 바다로 뛰어들어 헤엄도 치는 특이한 귀뚜라미다.

바다방울벌레 채집은 늘 실패했는데,
혹시나 하는 마음으로 바다방울벌레의 기록이 있는
제주도 이호테우 해변을 방문했다.

그런데 해변에 도착해보니 바람이 너무 쌩쌩 불어서
바다방울벌레는커녕 갯강구도 보이지 않을 지경이었다.

이런 생각을 하며 계단 쪽으로 내려가보니

정말로 바다방울벌레 서너 마리가 바람을 피하고 있었다.

드디어 이쪽을 보는구나.

사실 제주도에서 가장 특이한 귀뚜라미는
국내 최대 사이즈의 뚱보귀뚜라미다.

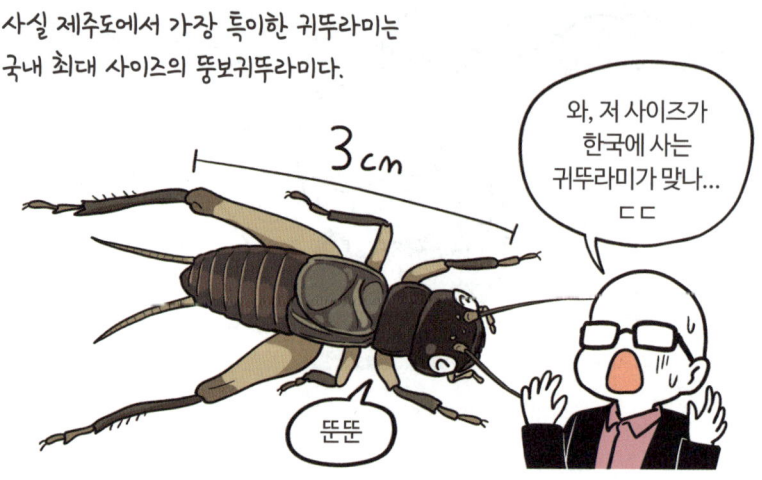

뚱보귀뚜라미의 영어명은 'bark cricket'이다.
말 그대로 나무껍질 속에 숨는 걸 좋아하는 습성이 있다.

처음에는 여름에 가서 낮에 서식지를 뒤졌지만
한 마리도 보지 못했다.

그러나 가을밤에 다시 가서 서식지를 뒤져 보니
거대한 뚱보귀뚜라미들을 많이 만날 수 있었다.

역시 벌레는 한번 보면 계속 보인다.

뚱보귀뚜라미의 서식지는 은근 생태가 특이하다.

같은 장소에 '숨은날개털귀뚜라미'라는 제주도 고유종도 서식하고 있어서 운이 좋으면 함께 만날 수 있다.

……!!!!!!!!!!!

산란관 모양이… 숨은날개털귀뚜라미!!

캬갸둥

이걸 볼 거란 기대는 없었는데… ㅠㅠ

산란관이 위로 휘어져 있다.

역시 가끔은 운도 필요하다.

그 외에도 제주도에서만 볼 수 있는 메뚜기는 많다. 출현 시기와 장소는 제각각이다.

한라애메뚜기, 제주청날개애메뚜기, 검은테베짱이, 홍가슴종다리…

다 보기엔 시간이 부족하네~

파오후

쿵척

변명 오지네.

곤충 연구자로서 제주도는 꼭 가봐야 할 만큼
다양하고 독자적인 생태계, 고유의 곤충을 보유하고 있다.

우리나라에서 벌레를 쫓아다니는데 제주도가 없었다면

섬마다 독특한 생물을 살게 하는 법칙

섬의 크기가 작아질수록 서식할 수 있는 종의 수가 줄어듭니다. 자원이 한정적이기 때문입니다. 반면 섬이 클수록 더 많은 종이 살 수 있습니다. 또 멀리 있는 섬일수록 생물이 이주해가기 어렵습니다. 예시를 들어 표현하면 이렇습니다.

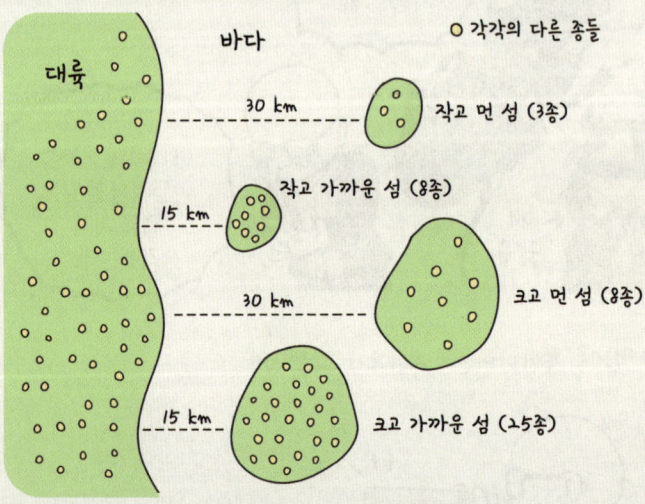

이러한 섬에는 끊임없이 대륙에서 새로운 종이 유입되어 오고, 한정된 자원을 두고 경쟁하다가 누군가 멸종합니다. 이 역시 섬의 크기, 거리에 따라 달라지고, 다음과 같은 그래프로 나타낼 수 있습니다.

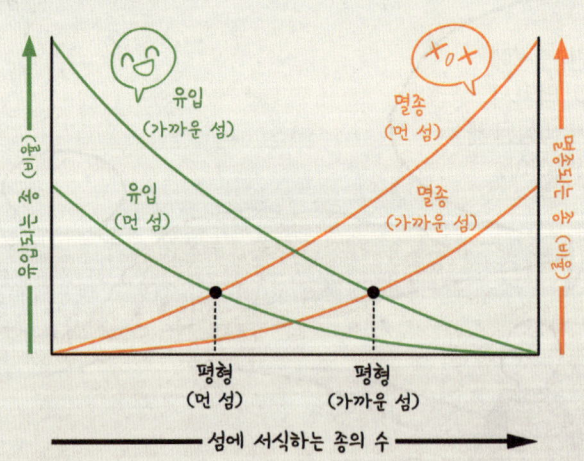

왼쪽 위의 초록색 선은 종의 유입을, 오른쪽 위의 주황색 선은 종의 멸종을 나타냅니다. 각각 가까운 섬과 먼 섬에 대한 상황 모두를 나타내고 있습니다. 유입(초록색)은 쉽게 건널 수 있는 가까운 섬이 먼 섬보다 많습니다. 그리고 종의 수가 많아질수록 점점 그 빈도가 떨어집니다. 멸종(주황색)은 더 고립된 먼 섬이 가까운 섬보다 많습니다. 그리고 종의 수가 많을수록 많이 일어나고, 종의 수가 적을수록 적게 일어납니다.

유입과 멸종은 서로 반대의 경향세를 보이다가 둘이 교차하는 지점이 나타납니다. 이 교차점이 정상적인 섬의 조건에서 최대한 포괄할 수 있는 종의 수입니다. 이 시점이 되면 생태적 평형이 맞춰져 시간이 흘러도 일정하게 유지됩니다. 먼 섬에는 조금 작은 종, 가까운 섬에는 조금 더 많은 종이 함께하게 되지요. 이러한 섬의 균형 속에서 끊임없이 새로운 종이 이주해 오고, 사라지고, 탄생합니다.

4부
동물의 생태와 행동

말…!

말은 동서고금을 막론하고
인류 역사에 수천 년간 막대한 영향을 끼쳐왔다.

이동과 운송

수레바퀴보다 500년 더 오래됐다!

중앙아시아 청동기 동굴 벽화

침략과 전쟁

13화
멸종의 운명을 피한 말

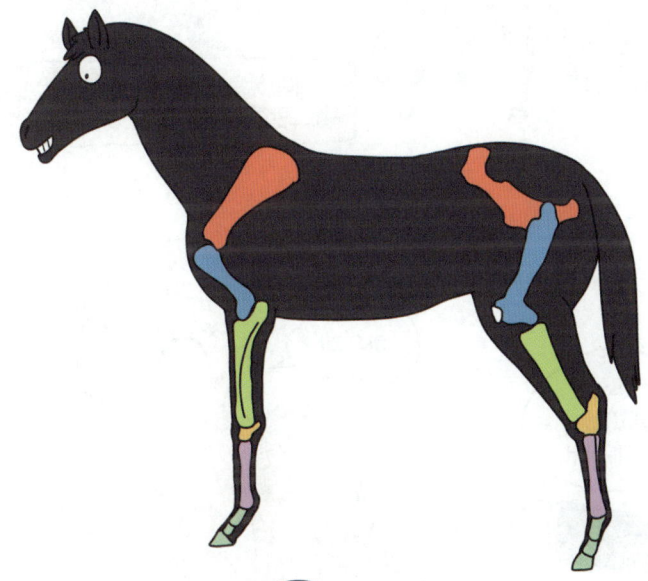

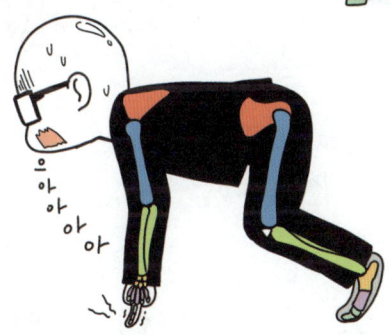

말의 골격 구조
사람으로 치면 가운뎃손가락과 발가락으로만 서 있는 구조다.

말은 기마 유목민 때문인지 중앙아시아의 이미지가 강하지만

사실 말의 기원은 아메리카 대륙이다.

진화의 예시로 흔히 소개되는 말발굽 화석은 대부분 아메리카에서 출토된다.

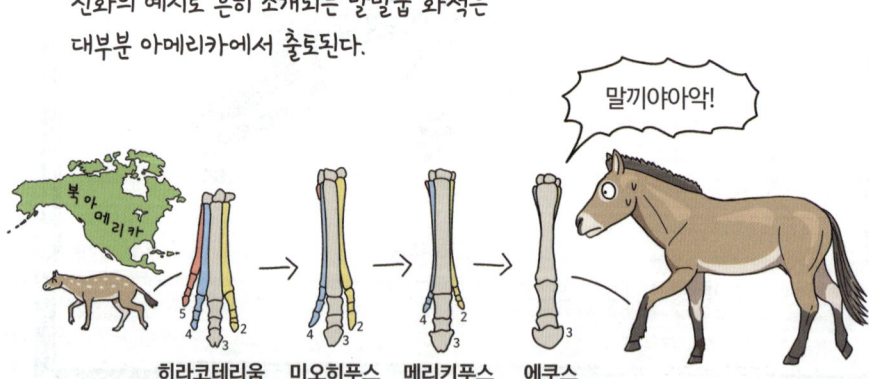

현존하는 포유류 중 말과 가장 가까운 친척은 코뿔소와 맥이다.

이들은 큰 맹장을 믿고 쓰레기 같은 건초만 먹는 전략을 택했다.

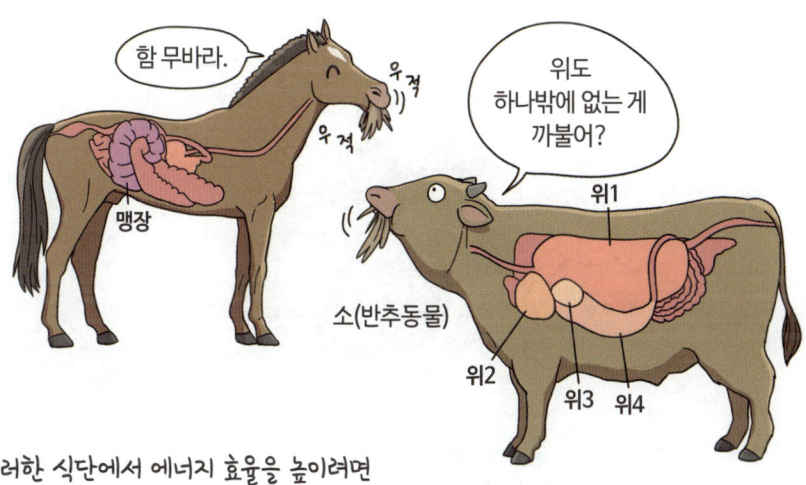

이러한 식단에서 에너지 효율을 높이려면
많이 먹어야 했고,
이에 따라 몸 크기가 커졌다.

몸의 크기가 커지다 보니 자연스레 그 부산물로
빨리 달릴 수 있는 능력을 얻었다.

말은 빨리 달리는 동물로
유명하지만

사실 그 체형의 동물이 그렇게 커지면
그 정도 속도로 달리는 게 당연한 것이다.

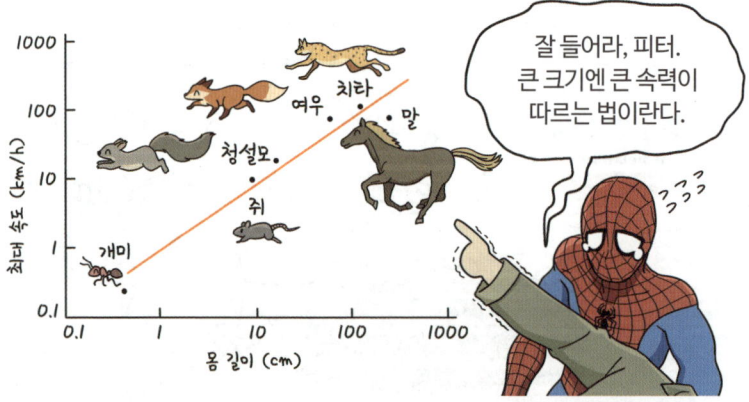

이렇게 아메리카 대륙에서 진화한 말의 조상 '에쿠스'들은 전 세계로 퍼졌고 일부는 얼룩말, 당나귀 등으로 분화하기도 했다.

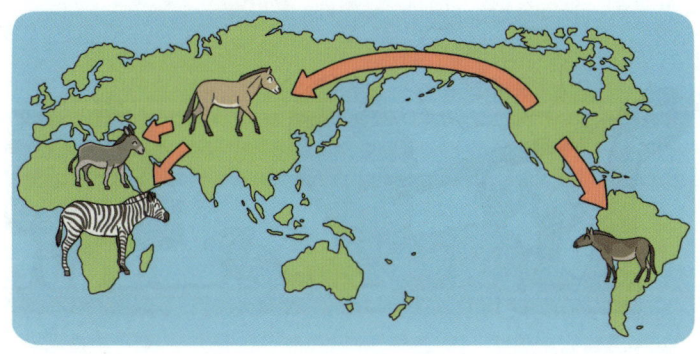

그리고 진짜 '말' 역시 전 세계의 광활한 초원과 툰드라 지역을 누비며 번성했으나

빙하기가 끝나면서 매머드 같은 거대 동물군이 사라지는 시기에 전 세계의 말 역시 서서히 사라지기 시작했다.

말이 태동했던 북아메리카 대륙에서
말은 1만 년 전에 완전히 사라진다.

북아메리카 대륙에 말이 다시 돌아온 건
콜럼버스의 두 번째 탐험이 있었던 1494년이 되어서였다.

그리고 유라시아에서 위태위태하게 버티던 말들은

인간의 가축이 되어 살아 남았다.

오늘날의 말은 전부 가축화된 것이며,
진짜 야생마는 존재하지 않는다.

40만 마리나 서식하는 호주의 야생마 '브럼비'

이들 모두 가축화된 말이 야생화된 경우다.

예전에는 몽골에 서식하는 프셰발스키말이
정말 한 번도 가축화되지 않은 야생마라고 여겨졌으나

이 역시 청동기 시기에 가축화된 초기 혈통이 야생화된 경우였다.

결국 진짜 야생마는 단 한 마리도 남지 않고 사라졌으며,

인간에게 길들여진 말만 그 운명을 피해간 것이다.

먹을까? 탈까?

가축 대다수가 식용을 위해 길들여졌지만, 말은 탈것으로도 유용한 가축입니다. 게다가 말은 새끼를 한 마리 밖에 낳지 않아 식용으로 시도하기에는 효율이 좋지 않습니다. 초기에 말을 길들인 인간들이 타기 위해 접근했는지, 먹기 위해 접근했는지는 고고학적 증거를 통해 추론해볼 수 있습니다. 고고학 유적지에서는 인간과 함께 살았던 혹은 인간이 사냥하거나 사육해서 잡아먹은 동물의 유골과 이빨이 함께 발견됩니다. 이빨을 통해 동물이 사망한 나이를 추정할 수 있는데, 어떤 용도였는지에 따라 전혀 다른 나이별 사망률이 보입니다.

일반적으로 야생의 동물(A, 파란색)은 어린 시기에 사망률이 높다가 젊은 전성기가 되면 사망률이 확 떨어집니다. 그러다 늙을수록 사망률이 서서히 올라갑니다. 식용을 목적으로 사육하는 집단(B, 초록색)도 비슷합니다. 다만 어린 시기의 사망률이 자연 상태보다 높은데, 사육되지 않을 어린 동물이 (때로는 육질이 부드럽다는 이유로) 도살되기 때문입니다. 반대로 야생에서 사냥당하는 동물(C, 주황색)은 젊은 전성기의 유골이 가장 많이 발견됩니다. 중앙아시아 데레이프카 지역에 있는 스레드니 스톡 유적지에서 발견된 151개의 말 이빨의 사망 나이를 추정한 결과(D, 빨간색), 야생에서 사냥당한 동물과 같은 모양이 나타났습니다. 이 증거로만 본다면 이 지역에서 말은 타기 위해 길러진 것이 아니라 먹기 위해 사냥당한 것으로 볼 수 있습니다.

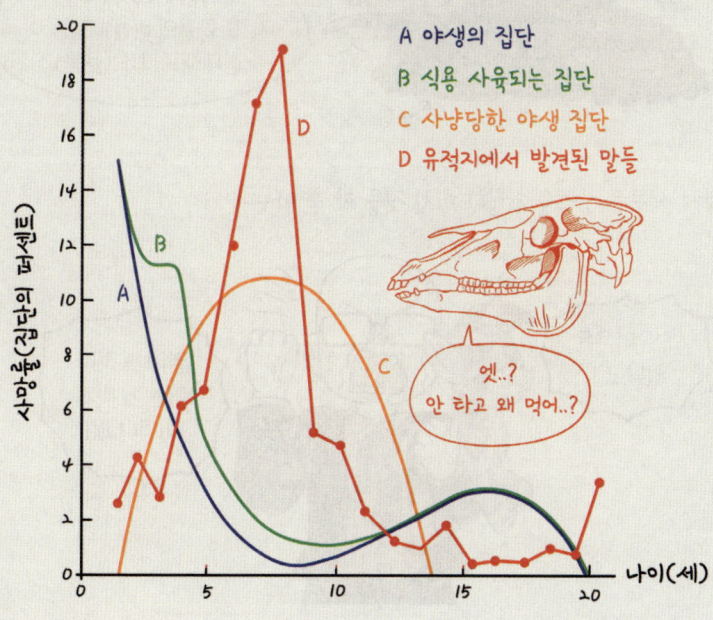

새는 양자역학의 원리로 작동하는 나침반을
탑재해 자기장을 감지하며 하늘을 날고

심해의 고둥은 금속 비늘을 만들어 고온, 고압의 환경에서 버틴다.

이렇게 생물은 상식을 초월한 미친 짓을 할 줄 아는데…

14화

유니콘이 없는 이유

코뿔소의 뿔
유니콘의 모티브가 되는 실제 동물은 코뿔소로 추측된다.
코뿔소는 말과 가장 가까운 동물이기도 하다.
머리의 뿔은 손톱이나 털과 같은 각질이 굳어져서 만들어진 것이다.
다른 동물의 뿔처럼 뼈로 구성된 부분은 없다.

과거 말의 조상이 발굽이 하나가 아니던 시절,
초원이 아니라 숲속을 뛰놀던 시절에는

수컷이 암컷보다 큰 머리와
날카로운 송곳니를 갖고 있었다.

이러한 무기를 이용해 수컷은 자신의 영역을 지키고,
영역 안의 암컷과 먹이를 차지했다.

그러나 말이 발굽을 갖추고
건초를 먹으며 초원에 적응하자

광대한 넓이의 영역을 혼자 순찰하며
먹이를 찾아 헤매는 건 너무 가성비가 떨어지는 방식이었으므로

무리를 지어 다니는 생활방식으로 바뀌었다.

그러다 보니 드넓은 초원에서 무리 생활을 하는 말이
뿔 따위를 발달시킬 이유가 없었다.

우두머리 수컷이 무리를 이끌기 때문에
여전히 수컷끼리의 경쟁은 존재하지만,

몸 크기로 압도하거나 기존의 송곳니를 사용할 뿐,
뿔이라는 새로운 구조를 만들 이유가 전혀 없다.

말이 초원에 적응하면서 무리 생활을 하게 된 건
아주 중요한 사건이다.

무리 생활 때문에 말은 유대감이 깊은 동물이 되었고,

혼자서는 외로움을 타는 말의 성격을 이용해
인간들이 말을 가축화하는 데 성공했기 때문이다.

반면 아프리카의 당나귀와 일부 얼룩말은 다르다.

이들은 유대감을 통한 무리 생활보다
조상들처럼 영역을 지키는 생활방식을 갖고 있다.

이렇다 보니 말과는 달리 길들이기가 쉽지 않다.

얼룩말은 많은 사람들이 길들이려고 시도했으나 전부 실패했다.

만약 얼룩말이
가축화가 가능한 동물이었다면

아프리카인이 짱 센 기마 민족이 되어

유럽과 아시아를 내달리고
세계 역사가
바뀌지 않았을…까?

얼룩말의 무늬

얼룩말의 검고 흰 줄무늬가 대체 어떤 용도인지 많은 논쟁이 있었습니다. 너무 강렬해서 오히려 포식자에게 자신의 위치를 드러내는 것처럼 보였으니까요. 사바나 같은 건조한 환경에서는 그림자와 함께 의태가 잘 되지 않을까 추측하거나, 흑백에서의 다른 열 흡수를 이용해 조그만 대류를 발생시켜 체온 조절에 이점이 있지 않을까 등 다양한 가설이 제시됐으나 오늘날 받아들여지고 있는 설명은 '혼란용'입니다.

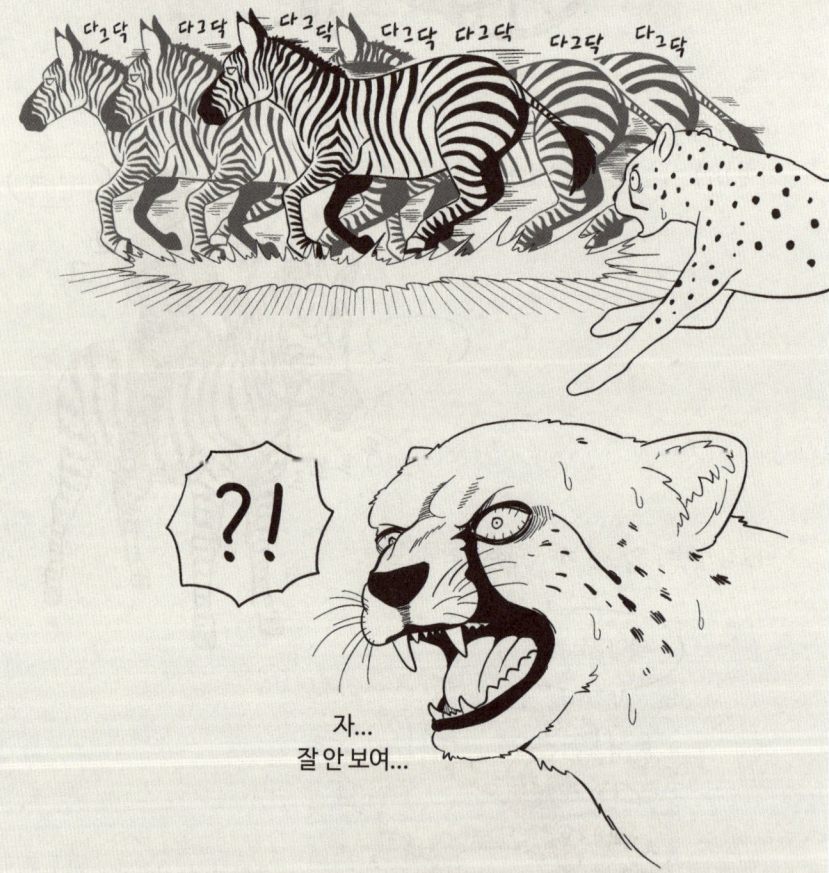

포식자가 얼룩말을 노려보고 쫓아갈 때 흑백의 줄무늬들이 출렁이며 착시 현상을 일으키듯 혼란을 주어 사냥을 어렵게 만들 수 있습니다. 그보다 얼룩말이 줄무늬를 통

해 정말 큰 이점을 보고 있는 것은 흡혈파리로부터의 보호입니다. 많은 아프리카 동물이 등에 같은 대형 흡혈파리에게 시달리는데, 얼룩말의 줄무늬는 흡혈파리도 혼란을 일으켜 쉽게 착지하지 못하고 주변을 맴돌게 합니다. 실제로 아프리카 동물의 몸 위에 앉아 있는 파리의 수를 조사해보니 얼룩말에 앉은 파리의 수는 다른 동물에 비해 현저히 적었습니다. 게다가 실제로 소나 말에 얼룩말의 줄무늬를 칠하고 살펴본 결과, 흡혈파리에게 잘 물리지 않는다는 사실까지 확인할 수 있었습니다.

얼룩말×당나귀

당나귀는 말과 같은 속(에쿠스)이라 교배가 가능하지요. 그렇게 노새가 태어나듯 얼룩말도 당나귀나 말과 교배해 교잡종을 낳을 수 있습니다. 이때 태어나는 새끼를 '제브로이드'라고 부르는데, 크기도 작고 성질도 나빠 가축으로서 큰 이점은 없습니다.

15화

살아있는 화석 실러캔스

마우소니아
아메리카, 아프리카에서 발견되는 백악기 시절 실러캔스류의 어류.
실러캔스류 중에서 가장 거대했으며 5.3m 길이까지 자랐다.

실러캔스는 살아있는 화석의 대명사다.

그러나 '살아있는 화석'이라는 개념이 남용되고 있어 한 번쯤 짚고 넘어갈 필요가 있다.

수많은 동물과 곤충, 식물의 계통은 이미 오래전부터 등장하였기에 '살아있는 화석'으로 불릴 법하다.

실러캔스는 처음에 화석으로 보고되었다.

이때 박물학은 다윈 이전이라 진화, 멸종의 개념이 없었기에 (혹은 떠올려도 부정했기에)

화석에 대한 시각이 조금 달랐다.

그러다 등장한 진화론은 차차 받아들여졌다.

많은 오해와 함께.

진화론이 받아들여지면서 멸종이라는 개념도 자연스레 수용됐다.

실러캔스 역시 멸종된 물고기로 여겨졌다.

1938년 남아프리카 공화국 앞바다에서 살아있는 실러캔스가 잡히기 전까지 말이다.

산 채로 처음 잡힌 실러캔스는 돌고 돌아

> 이상한 게 잡혔는디요?

> ???

동네 박물관 큐레이터
(그녀의 이름을 따서 실러캔스의 학명이 명명됐다.)

> 이 물고기 뭔지 아심?

> 물고기가 도마뱀을 닮았넹..

> 어?! HOXY?!

그 동네 대학의 화학 교수가 연구해 발표하게 됐다.
이 화학 교수는 물고기에 진심인 사람이었다.

> 취미로 물고기를 연구하는 사람이다.
> (물고기 375종 발견)

J. L. B. 스미스
(로즈대학 화학 교수)

처음 발표한 짧은 논문으로는 성이 안 찼는지

풀타임 화학 교수였지만,
밤마다 틈틈이
실러캔스를 연구하더니

150페이지짜리 논문을 더 썼다.

이후 화학 교수를 은퇴하고 본인이 재임하던 대학에 어류학 교수로 재취임한다.

그러다 1994년 아프리카에서 멀리 떨어진 인도네시아 바다에서

이렇게 아프리카에서 발견된 살아있는 실러캔스가 세상에 알려지게 됐다.

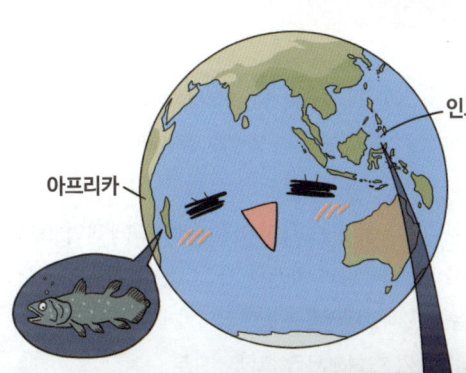

또 다른 살아있는 실러캔스가 발견된다.

나사로 분류군

'살아있는 화석'이라는 용어는 이래저래 비판을 받지만, 비슷하면서도 다른 용어로 '나사로 분류군'이라는 명칭이 있습니다. 나사로 분류군은 화석 기록에서는 멸종한 것처럼 사라졌다가 나중에 다시 나타나거나 재발견되는 종, 개체군, 집단을 부르는 명칭입니다. 성경에서 예수가 죽은 나사로를 부활시킨 이야기에서 따온 것이죠.

'살아있는 화석'이 화석으로 발견되는 원시적인 특징을 유지한 채 생존한 오늘날의 그룹을 지칭하는 것이라면, '나사로 분류군'은 화석 기록이 끊겨 멸종한 줄 알았다가 현생이든 화석 그룹에서든 다시 나타나는 것을 말합니다. 물론 우리가 아직 다 발견하지 못해 화석 기록의 공백이 있었는데 '나사로 분류군'으로 평가됐다는 비판을 받을 수 있습니다. 나사로 분류군의 예시는 다음과 같습니다.

1) 덤불개

남미에 서식하며 개과 동물 중 가장 원시적인 종입니다. 브라질에서 화석으로 먼저 발견됐으나 알고 보니 실러캔스처럼 살아있는 것이 발견된 경우입니다.

2) 피그미참고래

남반구 바다에 서식하는 소형 고래입니다. 발견된 지 150년 넘게 참고래과의 소형 고래로 여겨졌는데 계통상 멸종된 케토테리움과 고래와 가깝다는 사실이 밝혀졌습니다. 따라서 피그미참고래는 멸종한 케토테리움과에서 유일하게 생존한 종이며, 화석으로 기록이 끊겼던 케토테리움과가 현생에서 부활한 것으로 여겨집니다.

3) 스킨데란네스

스킨데란네스가 속하는 라디오돈트에 속하는 동물들(아노말로카리스 등)은 초창기의 절지동물이라 캄브리아기 후기 이후로는 발견되지 않습니다. 그러나 스킨데란네스는 그 이후인 오르도비스기와 실루리아기를 거쳐 1억 년 뒤인 데본기 시기의 지층에서 발견된 라디오돈트입니다.

화석의 생성 과정

세계적인 과학잡지 〈네이처〉는 가끔 대단한 발견을
하나 했을 뿐인데 지면에 실어주는 경우가 있다.

그중 인도네시아 실러캔스의 발견을 다룬 지면만큼 저렴한 게 또 없다.

그만큼 대단한 발견이었다는 것이다.

실러캔스, 너의 이름은

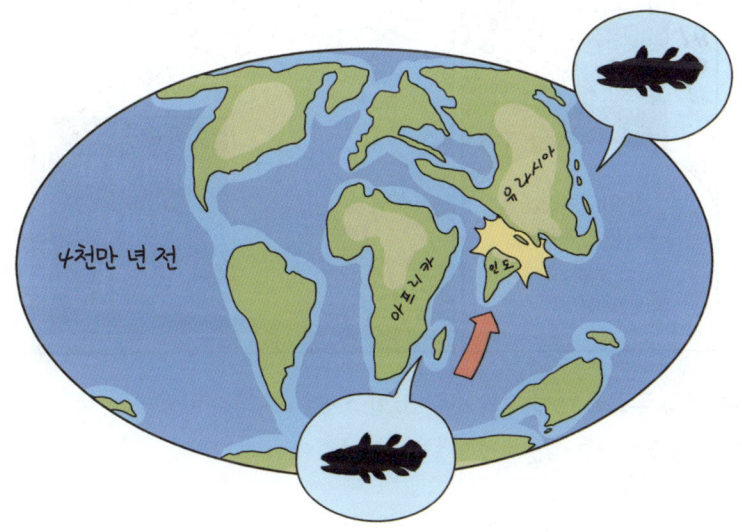

실러캔스의 생물지리학
인도 대륙은 원래 남반구에 있었으나 점차 북쪽으로 상승하며
유라시아 대륙과 충돌했고, 히말라야 산맥이 만들어졌다.
이 과정에서 남아프리카와 인도네시아의
실러캔스 서식지가 분리되어 종 분화가 일어났다고 추정된다.

생물의 분류 체계가 정립된 뒤…

120만 종의 동물과 50만 종의 식물, 그 외 수많은 미생물이 발견됐고 분류학자들은 이 모든 생물에게 이름을 붙여 주었다.

생물의 이름은 발표하는 분류학자가
자기 마음대로 붙인다.

그러다 보니 이상한 이름도 많다.

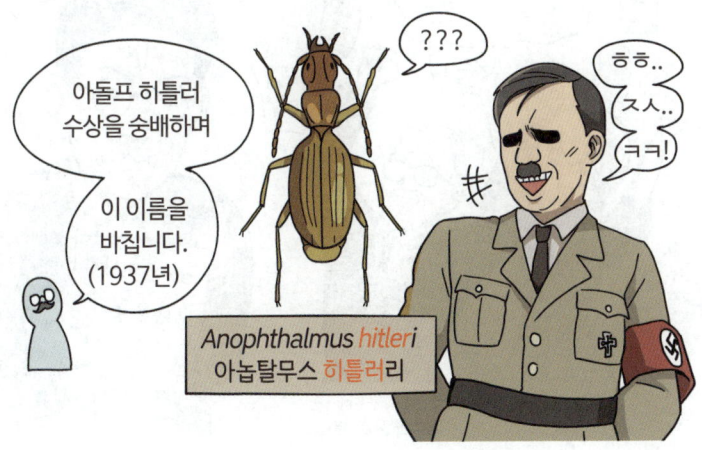

이렇게 사람이 하는 일이니,
한 종에 여러 이름이 붙을 때가 있다.

아니, 사실 아주 많다.

이럴 때는 가장 먼저 붙여진 이름이 주인이다.

물론 이런 예외도 있다.

*ICZN: 국제동물명명규약

미국의 연구자들이 인도네시아에서
새로운 실러캔스를 발견하고 축제 분위기였을 때

불과 1년 뒤 프랑스의 어류학자가 신종으로 잽싸게 논문을 내버렸다.

이렇게 불명예스러운 X꼬쇼가 일어났지만 여전히 먼저 찍은 사람이 임자였기에 프랑스에서 지어준 학명이 쓰이고 있다.

이런저런 사연으로 지구상에는
두 종의 현존하는 실러캔스가 알려져 있다.

페어와 실러캔스를 제외한
물속의 육기어류들은 이제 전부 멸종하고 없다.

두 바다 깊은 심해에 실러캔스 같은 고대 물고기가
아직까지 살아있다는 건 흥미로운 일이다.

내 맘대로 이름 붙이기

새롭게 발견된 생물의 이름은 보고하는 학자가 자기 마음대로 붙입니다. 물론 처음 그 규칙을 만든 카를 폰 린네는 나름의 엄격한 규칙(속명은 라틴어나 그리스어에서 가져와야 한다, 성인이나 학자 이름을 따오면 안 되지만 식물학자는 예외로 한다, -oidea 같은 끔찍한 접미사를 쓰면 안 된다, 발음할 때 좋은 소리가 나는 단어로 해야 한다 등)을 만들었지만 잘 지켜지지 않았습니다. 여기 재미있는 학명 몇 가지를 소개합니다.

1) 학명에 사랑 고백이나 메시지를 넣는 경우
- *Monsonia* : 쥐풀이속. 생물 분류 체계와 명명 규칙을 만든 카를 폰 린네가 앤 몬슨 부인의 이름을 따서 지었다. 린네는 그녀를 짝사랑했다.
- *Aegista diversifamilia* : 대만에 서식하는 달팽이. 대만의 동성결혼 합법화를 지지하는 의미에서 '다양한 가족'이라는 라틴어에서 따옴.

2) 새에 딸의 이름을 붙인 사례가 많다. (딸바보 리스트)
- *Trochilus franciae* : 남미의 벌새.
- *Serinus estherae* : 동남아시아의 핀치새.
- *Mino anais* : 동남아시아의 구관조. 처음 명명될 때는 *Sericulus anais*였다. 열한 살에 세상을 떠난 딸을 기억하며 지은 학명.

3) 개인적으로 좋아하는 것에서 따오는 경우
- *Chilicola charizard* : 칠레에 서식하는 벌. 포켓몬 '리자몽(Charizard)'의 영어명에서 종명을 따왔다.
- *Binburrum zapdos, B. moltres, B. articuno* : 호주에 서식하는 딱정벌레. 포켓몬 '썬더(Zapdos)', '파이어(Moltres)', '프리저(Articuno)'의 영어명에서 종명을 따옴. 명명자가 포켓몬의 재미 덕분에 분류학자가 될 수 있었다고 논문에 밝혔다.

4) 그냥 이상한 것 & 말장난
- *Aha* : 호주의 말벌. 이 종의 타당성을 두고 연구자들끼리 논쟁을 벌이다가 결정적인 증거를 제시했을 때 '아하!' 하고 외쳐서.
- *Kamera lens* : 단세포 생물. 250년 전부터 기록되고 있었지만 제대로 기술되지 못하다가 1991년에 제대로 기재하고 '제대로 보려면 카메라 렌즈가 필요하다'고 해서.
- *Myxococcus llanfairpwllgwyngyllgogerychwyrndrobwlllantysiliogogogochensis* : 웨일스에서 채집된 박테리아. 세상에서 가장 긴 학명.

스피노사우루스…!

두둥

독특한 외모와 함께 가장 긴 육식공룡으로 유명하다.

그러나 그 인기에 비해 심각할 정도로 알려진 게 없는 미스터리한 공룡이다.

17화

스피노사우루스의 변천사

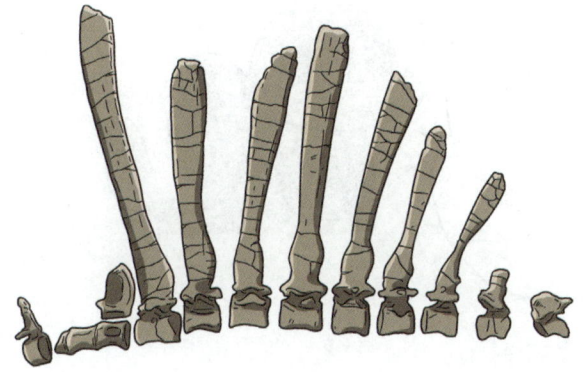

**처음 발견된
스피노사우루스의 표본(의 상상도)**
이집트 바하리야 지층에서 발견된 첫 모식 표본으로,
발굴에 4년이나 걸렸으나 전쟁 폭격으로 사라졌다.

스피노사우루스는 새로운 화석, 새로운 연구로 정보가 업데이트될 때마다 모습이 바뀐다.

그로 그럴 것이 발견되는 표본들이 매우 단편적이기 때문이다.

20세기 초, 스피노사우루스는 독일 고생물학자의 개고생으로 처음 발견됐다.

그러나 이 소중한 표본은 제2차 세계대전 때 폭격으로
박물관과 함께 박살 나 사라졌다.

이렇게 정보가 부족하다 보니,
초기에는 고전적인 육식공룡에 돛 달린 모습으로 복원됐다.

영화 <쥬라기 공원 3>에서는
돛 달린 롱다리 악어 같은 모습으로 등장해

초반부터 티라노사우루스를 쓰러뜨리며
강렬한 인상을 남겼다.

그러나 2014년,
어쩌면 4족 보행이었을지도 모른다는 추측과 함께

심각한 숏다리라는 사실이 밝혀진다.
그리고 아예 물속에서 생활하며 물고기를 사냥하는
수생공룡이었을지도 모른다는 추측까지 나오자

무게 중심과 앞다리의 구조 같은 여러 이유로
4족 보행의 모습에서는 벗어날 수 있었지만,

물가에서 물고기를 잡아먹고 살던 숏다리 수생동물의 이미지는 여전했다.

주변에서 같이 발견되는 수많은 물고기 화석,
갈비뼈에서 발견됐다는 물고기 비늘 등으로 보아

물고기를 사냥했을 것으로
추정되었고

새로운 화석을 통해 밝혀진 특이한 형태의 꼬리는

짜쟈잔~★!

나자르 이브라힘
(고생물학자)

이제서야 밝혀지는 충격적인 진실~!!

넓적~

지느러미처럼 물속에서 헤엄치기 수월한 구조였다.

그 외에도 반수생 동물과 유사한 동위원소 비율, 높은 골밀도 등이

스피노사우루스가 물가에서 생활했음을 지지했다.

물론 어느 정도까지의 수서생물이었는지에 대해서는 논란이 많다.

스피노사우루스는 의외로 수영을 못하고
육상 생활에 적합한 체형으로 밝혀져
반수생동물이 아니었나 추측한다.

즉, 잠수하면서 오랜 시간을 보내진 않고,

가끔 물가에 가서 사냥하는 곰 같은 포식자였을 것이다.

물론 이 만화 이후로 스피노사우루스의 모습이
또 어떻게 바뀔지는 모르는 일이다.

여담: 이 작품으로 보는 스피노사우루스의 변천사

《만화로 배우는 곤충의 진화》
웹 연재판

《만화로 배우는 곤충의 진화》
단행본 수정판

이번 에피소드

펠리컨 같은 턱?

스피노사우루스과에 속하는 이리타토르의 아래턱은 기존 공룡과 달리 옆으로도 벌어질 수 있다는 연구 결과가 나왔습니다. 즉, 입이 뜰채처럼 크게 벌어져 펠리컨처럼 큰 먹이도 통째로 삼키기 적합한 구조였다는 것입니다. 스피노사우루스과의 공룡들이 물고기를 잡아먹었기 때문에 적합한 턱 구조로 보입니다. 그러니 같은 과에 비슷한 습성을 지녔던 스피노사우루스도 비슷했을지 모른다는 추측을 해볼 수도 있겠네요.

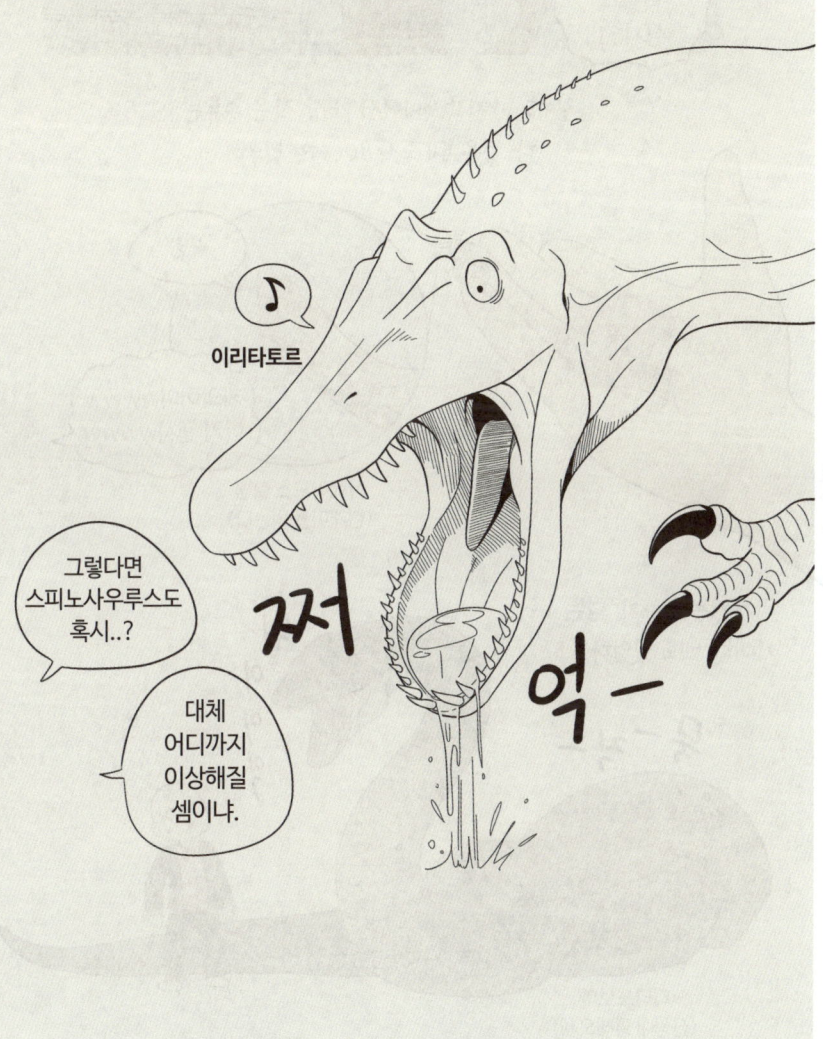

18화

뱀은 땅에서 솟았나, 물에서 솟았나

폐어를 사냥한 티타노보아
티타노보아는 신생대 팔레오세(약 6천만 년 전) 남아메리카 북서부에 서식했던 가장 거대한 뱀이다. 최상위 포식자로 추정됐지만, 두개골 구조로 보아 물고기를 잡아먹은 것으로 밝혀졌다.

뱀은 쥐라기 후기~백악기 전기쯤
등장한 것으로 추정되는데

도마뱀 중에서 다리가 사라지며 진화한 무리다.

그러나 도마뱀에서 다리가 사라지는 건
대략 스물다섯 번이나 독립적으로 일어난, 매우 흔한 일이다.

뱀은 팔다리뿐만 아니라 눈꺼풀도 없어서
투명한 비늘이 눈을 덮어 보호하고 있다.

게다가 시력도 안 좋아서
이상한 방법으로 초점을 맞춰 물체를 본다.

그래서 열을 감지하거나
혀를 낼름거려 공기를 맛보는 방법으로 먹잇감을 감지한다.

게다가 귀도 없어서 소리도 못 듣지만,

대신 턱과 온몸으로 진동을 잘 감지한다.

이런 특징들은 땅굴을 파고 사는
파충류의 공통점이기도 하다.

그러다 보니 뱀은 땅굴을 따고 살던 도마뱀에서 진화한 것으로 추정된다.

화석으로 발견되는 뒷다리만 달린
초기의 뱀들도 굴을 따며 살던 것으로 추정된다.

그 외에도 다리가 퇴화한 여러 화석 도마뱀도
땅굴을 따며 생활한 것으로 추측되는데

이게 뱀의 조상이라서 다리가 퇴화한 건지, 아니면
땅굴을 파던 다른 계통의 도마뱀인지 알쏭달쏭한 아이러니가 있다.

앞서 언급했듯, 파충류가 다리를 잃어버리는 건 아주 흔하기 때문이다.
반대로 뱀이 물에서 진화했다는 가설도 있다.

이 가설에는 뱀이 그 유명한 모사사우루스와 가깝다는 가정이 깔린다.

뱀의 여러 특징이 수서 생활에 적합하고
물에 사는 종이 많은 건 사실인데,

땅굴 생활을 통해 얻은 특징들이 어쩌다가
물속 생활에 적합해 바로 뛰어들어 적응한 것일 수도 있다.

두더지랑 땅강아지처럼 굴 파는 동물들이 은근 수영을 잘한다.

일단 가장 오래된 뱀 화석이 바다뱀이긴 하다.

그러나 서식지가 바다여서 화석이 잘 보존된 것으로 볼 수도 있다.

여담으로, 뱀은 긴 신체 구조로 진화하면서
앞다리는 완전히 사라졌으나, 뒷다리의 흔적이 조금 남아 있긴 하다.

비교적 원시적 부류인 보아뱀의 경우,
조그만 뒷발톱이 흔적 기관으로 남아 있는데

이걸로 짝짓기를 할 때 서로 긁어준다고 한다.

뱀은 어떻게 다리를 잃었나?

뱀은 언제 다리를 잃은 걸까요? 앞서 본문에 나와 있듯 땅굴 생활에 적응하면서부터로 추측됩니다. 그럼 어떻게 잃은 걸까요? 이에 대한 설명을 하려면 책 전반부에서 소개했던 혹스 유전자의 개념을 다시 끌어와야 합니다. 뱀의 조상을 포함해 다른 모든 네발 동물은 목, 가슴, 허리, 골반, 꼬리 부근마다 각각 척추의 특징이 나뉘어 있습니다. 이 상태에서 뱀은 가슴 부근의 척추를 반복적으로 확장해 지금의 긴 몸을 만들었습니다. 목과 꼬리는 의외로 정말 짧고 대부분이 가슴입니다. 가슴에만 있는 갈비뼈가 거의 전신을 감싸고 있는 상태입니다. 가슴의 마디만 복붙하다 보니 앞다리는 아예 생성할 기회도 없이 생략되어 있습니다.

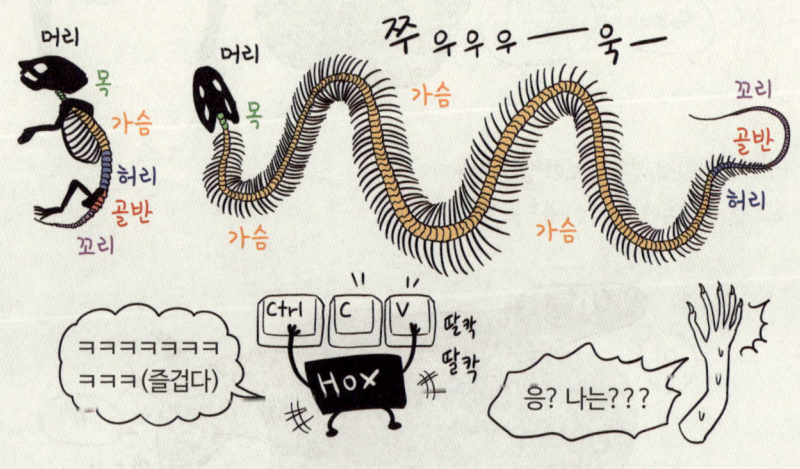

이렇다 보니 보아뱀 같은 원시적인 뱀한테 뒷다리의 흔적이 남아 있거나 다리가 남아 있는 원시적인 뱀 화석이 발견되기도 합니다. 하지만 뒷다리는 있을지언정 앞다리는 아예 없습니다. 앞다리가 보존되어 '네발 달린 뱀 조상'으로 알려진 테트라포도피스의 경우, 뱀이 아니라 돌리코사우루스과의 해양파충류로 결론이 나기도 했으니... 뱀은 정말 앞다리가 없나 봅니다.

다리를 잃은 친구들

뱀뿐만 아니라 여러 파충류가 독립적으로 (대략 25번) 팔다리를 잃었듯이 이런 일은 양서류에서도 종종 일어나는 사건입니다. 오늘날 현존하는 분류군에서는 앞다리만 남은 사이렌, 팔다리 전부 없는 무족영원 같은 그룹이 있고, 멸종한 양서류에서도 적어도 세 번은 독립적으로 다리를 잃는 사건이 나타난 것으로 보입니다. 다리를 잃는 사건은 초기 네발 동물이 진화할 때부터 지속적으로 나타났습니다.

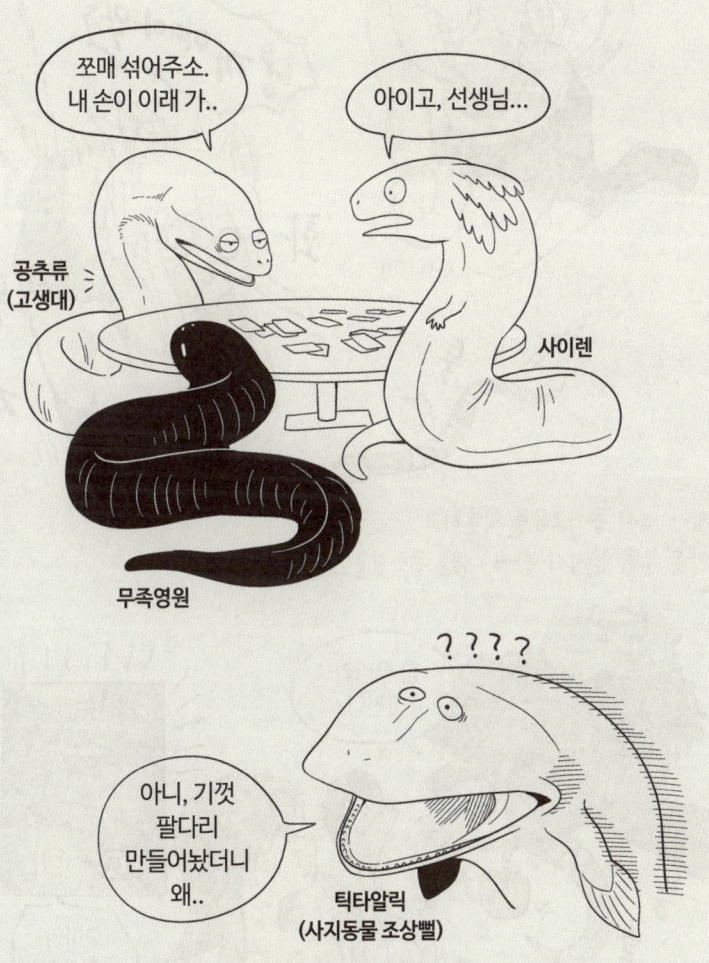

많은 동물들이 뱀을 두려워한다.

인간 역시 동서고금을 막론하고
많은 문화권에서 뱀에 대한 공포심을 엿볼 수 있다.

19화
뱀, 공포, 인지, 경쟁

고리뱀?
미국, 캐나다의 괴담 속에 등장하는 상상의 동물일 뿐이다.
그러나 최근 말레이시아에서 고리 모양으로
바퀴처럼 구르는 행동을 하는 모습이
난쟁이갈대뱀(*Pseudorabdion longiceps*)에서 실제로 관찰됐다.

뱀은 팔다리 없이 사냥을 하다 보니
다른 독특한 것을 진화시켰다.

관절화되어 움직임이 자유로운 두개골을 활용해
뱀은 커다란 먹잇감을 먹을 때 먹이 위를 걸어 다니듯 삼킬 수 있고,

크고 긴 독니도 접어서 문제 없이 입안에 수납할 수 있다.

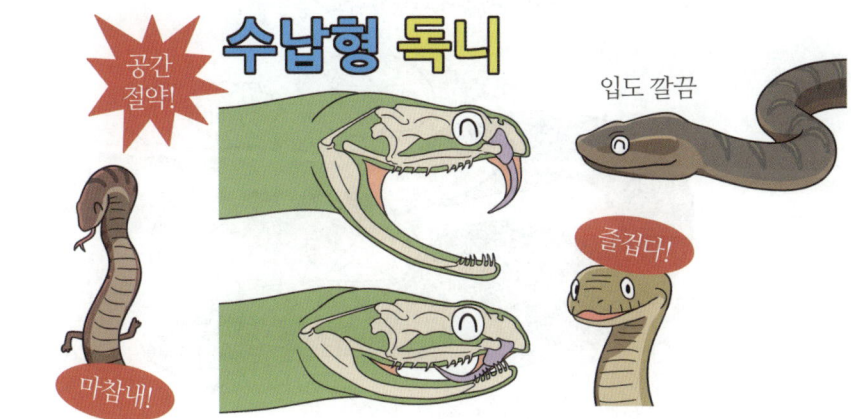

독은 팔다리가 없는 뱀에게 먹잇감을 쉽게
제압할 수 있는 유용한 무기다.

특히 뱀의 맹독은 생물들에게 너무 위협적이기 때문에

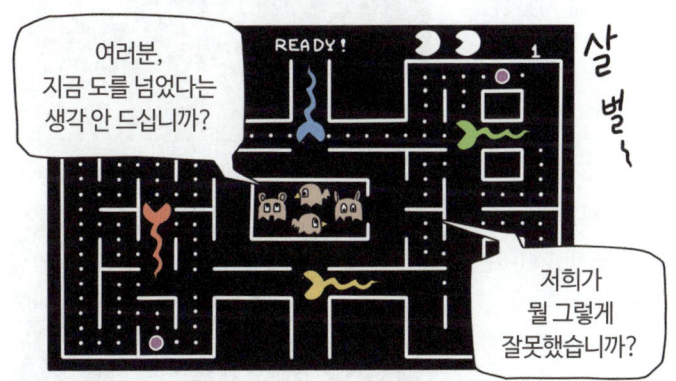

동물의 진화에 두루두루 영향을 끼쳤다는 많은 가설이 있다.

특히 뱀에 대한 공포심은 원시적인 포유류 시절,
피식자와 포식자의 관계에서부터 기원했다고 설명된다.

새에게서도 뱀에 대한 공포심이 관찰되며

일부 포유류가 뱀의 독에
저항할 수 있게 진화하고,

그러면 뱀 역시
더 강한 독을 만들어내는
경쟁을 해왔다.

반면 영장류는 다른 포유류처럼 독에 대한 저항성 대신
두뇌와 인지 능력을 발달시켰다는 가설이 있다.

대다수의 동물은 볼 수 있는 색이
제한적인 반면

유인원은 화려한 색을 보고 인지할 수 있도록
시각과 두뇌가 발달되어 있다.

이게 전부 위험천만한 뱀을 구분하기 위해 진화했다는 설명이다.

실제로 많은 영장류들이 뱀에 대해서만 특별히 잘 구분해낸다.

반면 독사로부터 별 위협을 받지 않은 영장류들은
이 색상 인지가 잘 발달하지 않았다.

여기서 끝나지 않고, 뱀 역시 영장류의 대응에 맞서
진화한 것으로 추정된다.

코브라 중에는 독을 물총처럼 발사하는 종류도 있다.
인간의 눈을 향해 꽤 정확하게 쏠 수 있고,

재수 없이 맞을 경우
실명할 수도 있다.

코브라의 독 뿜기는 의외로
다른 동물에게는 잘 안 먹힐 때도 많은데,

인간에게 특히 명중률이 높은 걸 보니 '서 있는 인간'을
특별히 상대하기 위해 진화한 것으로 보인다.

독을 뿜는 특징은 코브라 내에서 세 번이나 독립적으로 진화했는데,
이 모두 초기 인류의 진화사와
잘 맞아떨어진다.

유인원이 나무에서 내려와 초원에서 걸을 때 아프리카에서 두 번 진화했고,

아시아의 코브라에게 원거리용 공격 전략을 진화시키기 위한 진화압이 작용했을 것이라고 설명되기도 한다.

유연한 머리뼈 vs 딱딱한 머리뼈

뱀을 포함한 인룡류의 두개골 뼈 사이사이는 관절화가 되어 유연합니다. 이러한 특징이 가장 극대화된 것이 뱀이며 덕분에 뱀은 독니를 접어서 수납할 수 있고, 아래턱을 분리하고 먹이 위를 턱으로 걸어서 삼킬 수 있습니다. 뱀의 두개골에서 유일하게 움직이지 않는 뼈는 뇌를 감싸고 있는 뇌실뿐입니다. 그러나 이 유연한 두개골 구조 탓에 귀가 있어야 할 자리가 사라지고 귀를 잃으면서 청각을 상실했다고 보는 추측도 있습니다.

반면 공룡, 악어, 익룡을 포함하는 지배파충류의 두개골은 뼈들이 단단하게 융합되어 있습니다. 특히 공룡을 보면 뼈끼리 W자 모양으로 맞물려 단단히 조립되어 있는 수준입니다. 덕분에 강력하게 씹는 치악력이 발달했습니다.

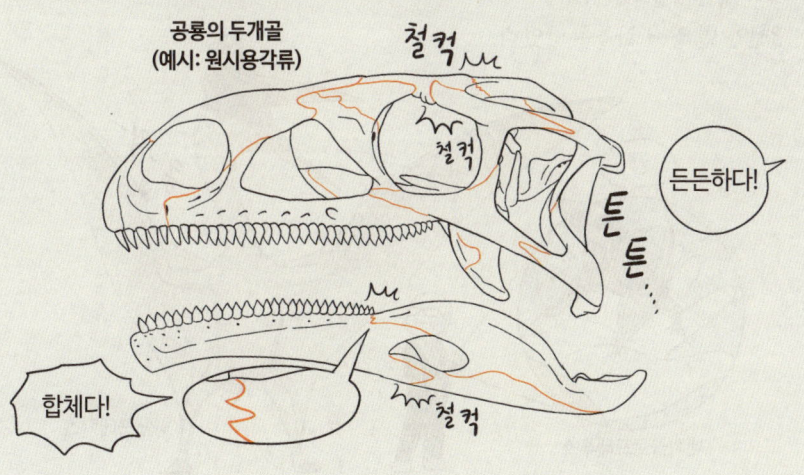

익룡은 현재 150여 종이 보고되었다.

이들은 공룡과 마찬가지로 지배파충류 조상에서 뻗어져 나와
페름기 대멸종으로 황폐화된 트라이아스기에 등장한 무리이며,

크고 작은 모습으로 새보다
8천만 년 앞서 하늘을 날았다.

20화

익룡, 파충류의 하늘 정복기

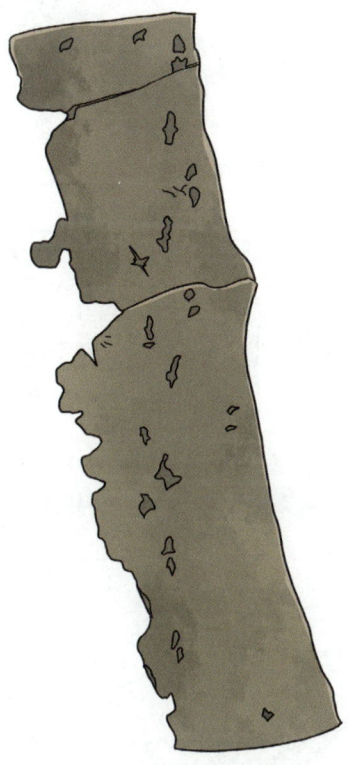

해남이크누스 우항리엔시스
익룡의 발자국 화석은 전 세계적으로 드물지만,
우리나라 전라남도 해남에서 발견된 익룡 발자국 화석이 있다.
날개 폭이 10미터가 넘는 거대한
아즈다르코류의 발자국으로 추측된다.

익룡은 날기 위해 네 번째 손가락을
늘린 날개를 갖추었다.

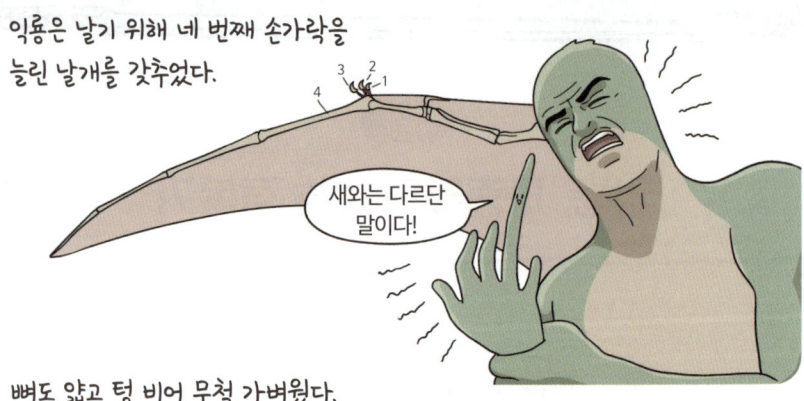

뼈도 얇고 텅 비어 무척 가벼웠다.

이러한 구조 때문에 화석으로 보존이 어려워 18세기가 되어서야
독일 쥐라기 석회암 지층에서 처음 익룡 화석이 발견됐다.

*Lagerstätte: 화석이 많이 발견되는 지층

그런데 비교할 대상이 없는 워낙 기괴한 외형인지라

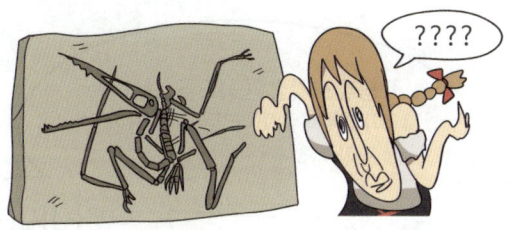

어떤 생물인지 도저히 감이 안 잡혀 추측만 난무했다.

(포유류와 새의 중간 단계라는 건 없다.)

19세기 중반이 되어서야 '하늘을 날던 파충류'로 받아들여지게 되었다.

중생대 중·후기의 공룡들도 다양한 비행 방법을 시도했지만

미크로랍토르

저 비행 뉴비인데 뒷다리까지 날개깃 달고 날면 되는 건가요?

비행 유입인데 익룡 할배들처럼 비막 비행 메타 유효한가염?

오늘날 새만 남은 것과 마찬가지다.

근데 그 녀석들 멸종했잖아?

자, 쓰레기죠.

가장 성공한 비행 이야기하고 있었는데?

나?

초기 익룡은 작고, 이빨이 있고, 꼬리가 길었으나

꾸앙

아 당~

람포링쿠스

덧니 캐릭은 못 참지 ㅋㅋ

이후에는 크고, 이빨이 없고, 꼬리가 짧은 무리가 나타났다.

백악기 후기에는 조류랑 뒤섞여 날았으나 대멸종과 함께 사라지고
최후의 승자는 새가 되었다.

익룡을 '느리고 굼뜬 파충류' 정도로 생각하던 시기에는
익룡의 비행 능력을 의심하는 눈초리가 많았다.

그러나 앞다리 근육이 굉장히 발달했던 것으로 밝혀지며
충분히 땅을 박차고 날아올랐으며

새처럼 퍼덕이며 꽤 역동적으로
비행이 가능했던 것으로 여겨진다.

케찰코아틀루스 같은 거대 익룡의
비행 능력에 대해서는 학자마다 입장이 다르지만

날았든 못 날았든, 케찰코아틀루스를 포함한 거대 아즈다르코류의 익룡들은 지상에서 발굽 동물처럼 잘 달렸을 것으로 추측된다.

아마 말처럼 달리면서 지상에서 조고만 동물, 공룡들을 사냥했을 것이다.

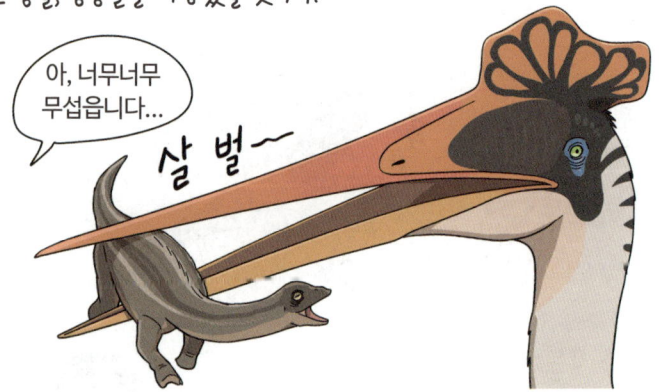

그리고 이젠 익룡도 털로 뽀송뽀송하게 덮여 있었다는 사실이 밝혀졌다.

투판닥틸루스 (또 등장)

공룡도 다양한 분류군에서 깃털이 발견되었던 것처럼,

익룡까지 털 구조물이 있는 것으로 보아
공룡과 익룡의 공통 조상에서부터 이미 털로 덮여 있었다고 추측된다.
그런데 익룡의 털을 보면, 오늘날 새에서는 볼 수 없는 특이한 구조가 있다.

파충류에서 다양한 형태의 비행 시도가 있었듯

파충류의 털도 다양한 형태의 시도가 있었고,
끝내 오늘날 남은 형태는
새와 이들의 깃털인 것이다.

이처럼 진화에서는 수많은 시도가 있었다 사라지고,
극히 일부만 명맥을 이어간다.

익룡의 엄지손가락

익룡은 네 개의 손가락 중 하나만 희생시켜 날개로 변형했기에 새나 박쥐에 비해 여분의 손가락을 세 개나 갖는 여유가 있었습니다. 쥐라기에 살았던 익룡 중 쿤펜고프테루스 안티폴리카투스(*Kunpengopterus antipollicatus*)는 엄지 구조를 발달시켜 손으로 물체를 집을 수 있었습니다. 엄지는 대부분의 포유류와 일부 개구리만 지니고 있고, 파충류에서는 카멜레온을 제외하고는 굉장히 드문 구조인데, 익룡이 갖추고 있던 것입니다. 이 익룡이 나무를 타고 살았다는 증거는 없지만, 나무를 타거나 물체를 집기가 수월했을 것으로 여겨 '몽키닥틸(Monkeydactyl, 원숭이 익룡)'이라는 별명으로 불립니다.

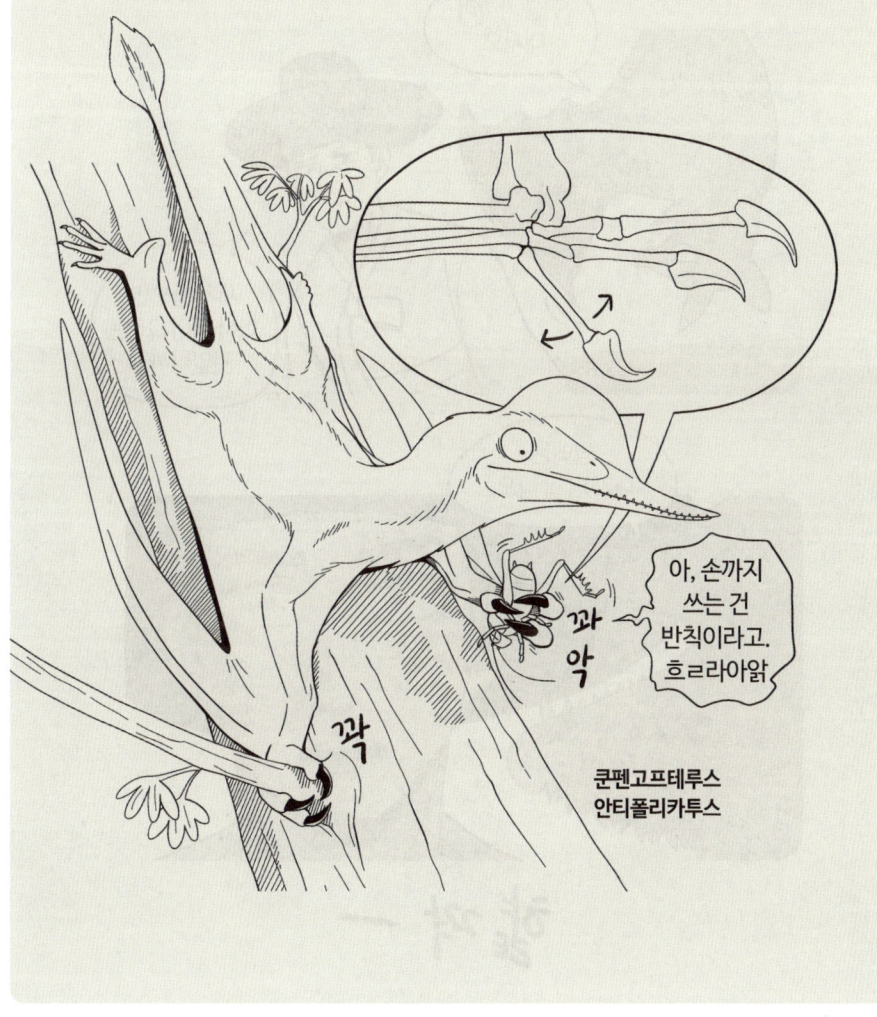

쿤펜고프테루스
안티폴리카투스

21화
모든 예외에는 박쥐가 있다

바이러스의 요람
박쥐는 바이러스에 대한 염증 반응을 일으키지 않는
독특한 면역 체계를 지니고 있다.
그 때문에 여러 바이러스가 박쥐의 체내에 존재하며,
이 중 몇은 사스(SARS)처럼 인수 공통 바이러스로 발생한다.

파충류뿐만 아니라 다른 동물들도 다양한 비행을 시도한다.

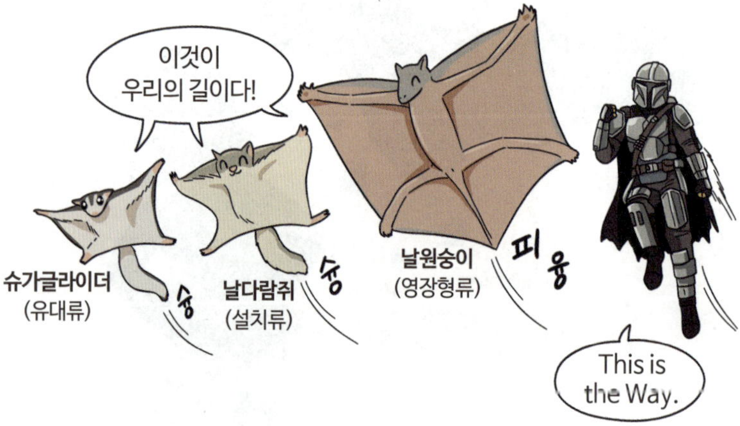

그중 단연 성공한 그룹은 박쥐다.

박쥐는 1,400여 종이 알려져 있고,
모든 포유류 종의 약 20%를 차지한다.

비행하는 생물의 특성상 뼈가 연약해
진화 과정의 중간 단계가 화석으로 남은 건 없지만

5,200만 년 전 화석에서
이미 박쥐의 모습을 갖추고 있었다.

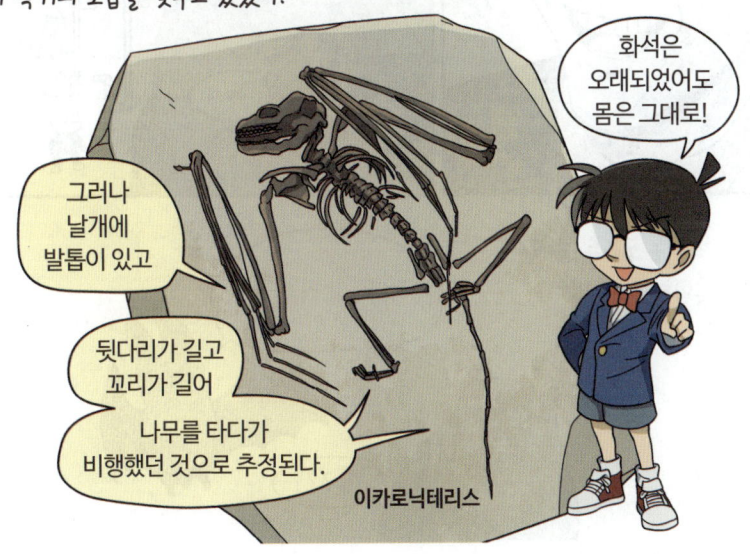

거의 모든 포유류는 수컷이 암컷보다 크지만, 박쥐는 예외적으로 암컷이 더 크다. 임신한 상태로 비행하려면 몸집이 더 커야 하기 때문이다.

또 박쥐는 영장류를 제외한 포유류 중 드물게 암컷이 월경을 겪는다.

월경은 영장류, 박쥐, 꼬끼리땃쥐에서 독립적으로 나타난 현상인데, 모두 임신 기간이 길고 특별한 번식기가 없다는 특징이 있습니다. 이런 월경을 하는 이유에 대해서는 여러 진화생물학적 해석이 있는데, 특히 영장류는 새끼를 양육하는 데 많은 에너지를 쓰기 때문에 배아가 건강하지 못할 경우 유산으로 조기에 임신을 끝내는 것이 이점이라는 설명, 혹은 그저 짝짓기 습관에서 우연히 나타난 부산물이라는 설명 등이 있습니다. 인간을 제외하고 월경하는 동물들은 다른 야생동물과 마찬가지로 삶의 대부분을 임신과 양육에 쓰기 때문에 월경을 잘 겪지 않습니다.
인간이 예외적인 것...

어쭈구리, 네가 뭘 안다고.

박쥐는 새처럼 지구의 자기장을 감지할 수 있고

포유류 중에서 몇 안 되는 변온동물이다.

가장 작은 포유류도 박쥐에서 알려져 있다.

그러나 뭐니뭐니해도 박쥐의 가장 큰 특징은 밤에 날 수 있다는 것이다.

밤에 비행한다는 건 쉽지 않은 일이다.
극히 일부의 이상한 새만 밤에 비행을 할 수 있다.

그러나 박쥐는 초음파를 활용해 어두운 밤이나 동굴 속에서도
주변을 '본다'고 알려져 있다.

게다가 박쥐는 손가락이 날개막을 지지하고 있어서 섬세한 컨트롤이 가능.

새보다 더 효율적으로, 더 뛰어난 기동성을 갖고 날 수 있다.
그러다 보니 박쥐는 곤충에게 크나큰 위협이 되었다.

그래서 곤충은 여러 방법으로 박쥐에게 대항했다.

박쥐의 분류

박쥐는 설치류 다음으로 큰 포유류 내 목으로 1,400종이 기록되어 포유류 종의 20퍼센트를 차지합니다. 그만큼 성공적인 그룹이지요. 1758년 칼 린네는 박쥐를 인간과 같은 영장류로 분류했으나 이후 독립적인 그룹으로 나뉘었습니다. 박쥐를 단순히 크게 나누자면, 과일박쥐와 기타 수많은 박쥐로 나눌 수 있습니다.

1) 과일박쥐

큰박쥐, 날여우박쥐 등으로 불리는 거대한 박쥐입니다. 구대륙(아시아, 호주, 아프리카)에만 서식합니다. 가장 큰 건 몸무게가 1.45킬로그램, 날개 길이가 1.7미터에 달하기도 합니다. 큰 몸집과 달리 과일과 꽃, 꽃꿀을 먹는 초식성입니다. 야간에 활발히 비행하면서 곤충을 사냥할 필요가 없기 때문에 박쥐 중 유일하게 초음파를 사용하는 반향정위 능력이 없습니다. 시각과 후각에 의존해 먹이를 찾지요. 덕분에 얼굴도 울그락불그락 찌그러지지 않았고 개나 여우처럼 평범하게 생겼습니다.

2) 그 외의 박쥐

우리가 익히 아는 그 비주얼을 지니고 초음파를 쓸 줄 아는 바로 그 박쥐들입니다.

과일박쥐의 반전

오랫동안 박쥐는 크고 초음파를 못 쓰는 과일박쥐, 초음파를 쓰는 작은 박쥐 두 부류로 나뉘어 왔습니다. 화석으로 발견되는 멸종한 박쥐들의 조상도 과일박쥐와 모습이 유사합니다. 그래서 과일박쥐처럼 초음파를 못 쓰고 날개 달린 여우 같은 조상에서 오늘날의 초음파를 쓰는 독특한 조그만 박쥐로 진화했을 거라 여겼습니다. 그러나 분자계통 분석 결과, 과일박쥐가 가장 원시적인 것이 아니었습니다. 무수한 박쥐들의 일부 그룹에 속하는 것으로 밝혀졌지요. 이후 후속 연구를 통해 실제로도 가장 원시적이지 않다는 사실이 계속 지지되고 있습니다.

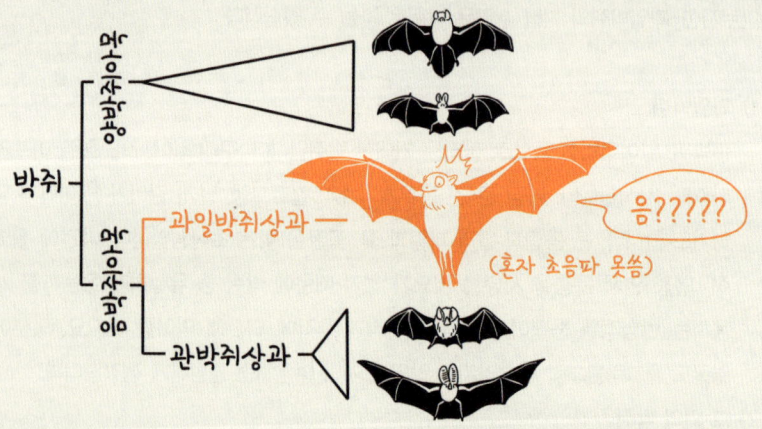

이 상황에서 문제는 '초음파를 이용한 반향정위'라는 굉장히 복잡하고 세련된 기술이 단일 기원이 아닐 수 있다는 것입니다. 과일박쥐는 반향정위를 진화시키지 못했지만, 그 주변 친척들이 전부 독립적으로 반향정위를 진화시켰다는 가정은 너무 복잡합니다. 진화는 항상 단순한 쪽이 답입니다. 박쥐의 조상이 딱 한 번 반향정위를 진화시켰고, 과일박쥐는 그 능력을 잃어버린 것입니다. 화석 증거도 이런 단순한 설명을 지지합니다.

#조상 때부터 탑재된 초음파

여러 박쥐 화석에서 반향정위의 흔적들이 나타나고, 가장 오래된 박쥐 화석 중 하나인 5,200만 년 전의 오니코닉테리스에서 이미 반향정위가 있었다는 증거들이 보입니다. 실제 화석의 기록으로도 박쥐의 오랜 조상부터 반향정위가 있었다는 사실이 뒷받침되는 것이지요. 그러면 비행을 먼저 했나, 반향정위가 먼저였나 의문일 수 있습니다. 가장 오래된 박쥐 화석에서 귀의 형태를 살펴보면 반향정위 능력이 있긴 하나 뛰어난 것으로 보이진 않습니다. 따라서 비행을 먼저 시도하고 나중에 반향정위를 획득했을 것으로 추측하고 있습니다.

세상에서 가장 빠른 속도로 비행하는
동물인 박쥐!

그런 박쥐가 곤충을 노려왔다.

박쥐 vs 곤충, 군비 경쟁

박쥐파리
박쥐에 기생하며 박쥐의 피를 빠는 날개 없는 파리.
박쥐의 등장은 곤충에게 굉장히 치명적이었지만,
그런 박쥐를 숙주 삼아 기생하는 곤충들이 있다.

그리고 곤충들은 박쥐의 초음파를 미리 듣기 위해 독자적으로 고막을 갖추게 되었다.

적어도 열여덟 번이나 독자적으로 고막이 만들어졌다.
예를 들어, 사마귀의 조상되는 바퀴벌레는
음침한 곳에 숨어 살기에 박쥐랑 마주칠 일이 별로 없지만,

육식으로 진화하면서 사냥을 위해 활발히 배회해야 하는 사마귀는 박쥐에 노출될 위험이 높아지자

독자적으로 가슴에 고막을 갖추게 되었다.
그리고 이 고막으로 초음파를 감지했을 때

바로 회피 비행을 시도하는 식으로 박쥐에 대항했다.
그러나 여기서 그대로 당할 박쥐가 아니었다.
박쥐는 다른 영역내의 주파수를 사용함으로써
곤충들이 사전에 듣는 것을 방지했다.

물론 곤충도 이에 대응했고, 그 결과로 지역마다
곤충과 박쥐의 초음파가 달라진 것으로 설명된다.

그러다 보니 굉장히 특이한 영역대의
초음파를 쓰는 박쥐도 등장했다.

반대로 곤충의 소리를
박쥐에게
들키지 않으려는
노력과 경쟁도 있다.

여치들은 소리로 의사소통하기 때문에 박쥐의 등장 이전에 고막을 갖추었고, 빠르게 박쥐에 대처할 수 있었다.

그중에서 박쥐에게 큰 위협을 받는 열대의 여치들은 고막 주변에 '귀' 구조물을 만들어 초음파를 더 잘 들었다.

그러나 귀 좋은 박쥐가 이들의 울음소리를 듣고 찾아온다는 것이 문제였다. 말 그대로 서로의 신호를 '도청'한다.

이런 도청에 대해 여치도 여러 방법으로 대항했다.

우선 박쥐처럼 다른 주파수에서 울어버리는 것이다.
그러다 보니 아예 초음파를 내는 여치까지 등장했다.

그리고 아예 안 울거나

울어도 아주 조금씩 찔끔찔끔 울면서 서로를 찾는 방법도 나왔다.

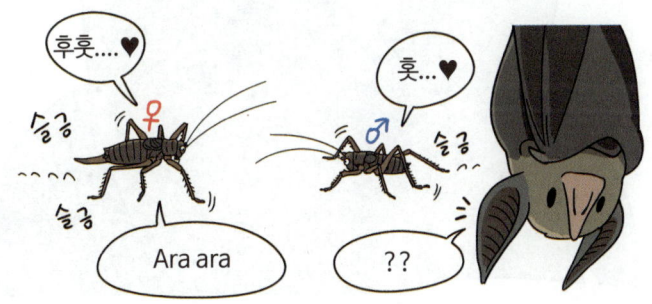

원래 여치들은 수컷만 우는데,
이들은 서로 교신할 수 있도록 암컷도 노래할 수 있게 진화했다.

그러나 그냥 넘어갈 박쥐가 아니다.
울음소리를 포기하게 되면 짝을 찾아 열심히 배회해야 하기에

박쥐들은 이 배회하는 여치들의
움직임을 감지하고 사냥한다.

이렇게 생물은 생존 경쟁에서 우위에 서기 위해
서로가 상대방의 진화에 대응하며 경쟁하듯 진화한다.

나비의 주간 비행

오늘날 나비목에 속하는 대부분의 나방은 밤에 활동하는 야행성인데, 나비는 낮에 활동하는 주행성입니다. 이유는 뭘까요? 많은 곤충이 박쥐에게 시달려 이런저런 진화를 겪었듯 나방의 위협적인 포식자인 박쥐의 포식압 때문에 몇몇 나방들이 밤에서 낮으로 도망쳐 나왔고, 그 나방들이 나비로 진화했다고 설명되어 왔습니다. 그러나 나비가 나방에서 분기된 연대를 분자 데이터 기반으로 추론했더니 나비가 박쥐가 등장하기 전에, 그러니까 그보다 더 일찍 나방에서 분기되어 낮에 날았다는 사실이 밝혀졌습니다. 아직까지는 왜 나비가 낮으로 왔는지 명확한 설명이 없는 셈이지요. 다만 나비는 낮이라는 블루오션을 새로 개척하면서 새와 같은 주행성 포식자를 마주하게 됐는데, 이에 대항하기 위해 독과 경고색, 의태 등 다양한 전략을 갖추고 있습니다.

박쥐가 없던 시절, 공룡 시대의 여치

아르카보일루스 무지쿠스

화석에 보존된 여치 화석을 보면, 날개에 울음소리를 내는 마찰돌기가 보존되어 있는 경우가 있습니다. 이 화석의 마찰돌기를 오늘날 우리가 울음소리를 알고 있는 여치, 귀뚜라미의 마찰돌기들과 폭, 넓이를 대조해 비교 분석하면 멸종한 곤충의 울음소리를 대략적으로나마 알 수 있습니다.

쥐라기에 살았던 여치, 아르카보일루스 무지쿠스(Archaboilus musicus)의 울음소리를 복원한 결과, 오늘날의 여치보다 비교적 낮은 주파수대인 6.4kHz에서 우는 것으로 밝혀졌습니다. 이런 저주파는 장거리 통신에 유리하지만, 포식자에게도 잘 들려 꽤 리스크가 큰 영역대입니다. 다만 이 여치가 울던 쥐라기에는 박쥐도 없었고, 귓바퀴 달고 듣는 커다란 포유류 포식자도 없었습니다. 게다가 이 여치는 오늘날의 여치처럼 야행성이었을 텐데, 당시에 막 등장했던 시조새는 오늘날 대부분의 새처럼 밤에는 날지 못했기 때문에 위협이 되지 못했습니다. 다만 공룡들이 그 소리를 좀 들었을 겁니다. 그땐 여치답게 긴 다리로 뛰어 날아가면 그만이었을 겁니다. 그래서 이렇게 아주 대범하게 울 수 있었습니다.

박쥐가 기회였던 곤충들

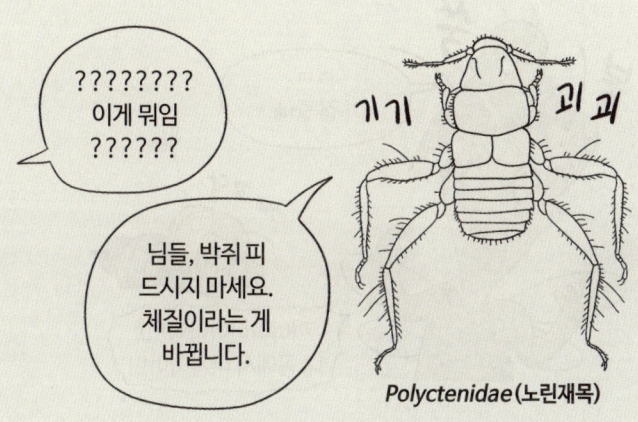

박쥐는 곤충에게 위협적인 포식자였지만, 몇몇 곤충들은 이 위협을 기회로 바꾸었습니다. 그 결과 다양한 곤충이 박쥐에 기생하면서 박쥐가 없으면 살 수 없는 아이러니한 상황이 되었습니다. 305쪽에 소개된 박쥐파리뿐만 아니라 흡혈 노린재들에게도 박쥐는 인기여서 빈대와 그 친척 중 많은 종이 박쥐에 기생하며 박쥐 피를 흡혈합니다.

기생은 또 다른 생태적 니치(지위)다.
생태계의 모든 종은 각자의 자리를 두고 경쟁하지만

기생은 그냥 한 종 붙잡아 들어가면 되기 때문이다.

그러다 보니 오늘날 많은 곤충이 기생을 한다.

기생하는 곤충은 대부분 숙주의 체액이나 피를 빤다.

나방 중에도 애벌레 시기에는 매미나
노린재류의 체액을 빨며 기생하는 종류가 있다.

딱정벌레와 가장 가까운
부채벌레 또한 기생하는 곤충이다.

사마귀붙이들도 다양한 곤충에 기생하며, 보통은 거미의 알집에 기생한다.

아쉽게도 기생했다고 주장되는 화석 곤충들은 저마다 반박이 있는 편이다.

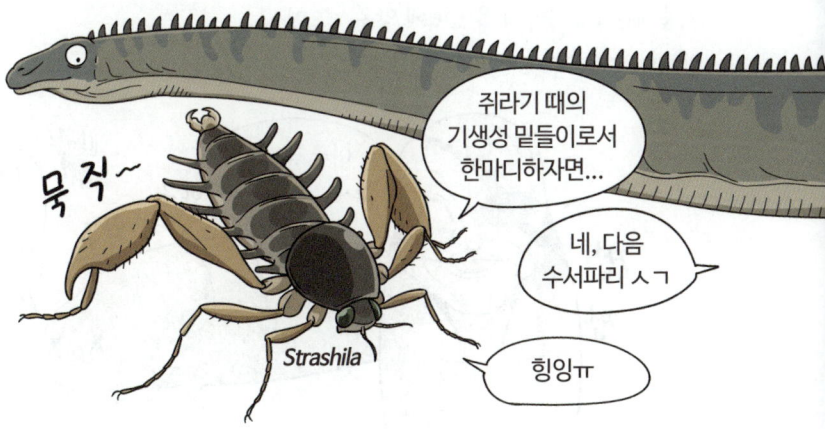

그중에서 기생의 본좌 중의 본좌라고 한다면 바로 '벌'이다.

벌이 기생을 처음 시작한 건
1억 5천만 년 전인 쥐라기이다.

처음에는 그냥 숙주의 몸 표면에 알을 낳으면
애벌레가 숙주의 몸을 파먹는 전략이었다.

암컷이 알을 낳을 때 독침으로 숙주를 살아있는 상태로 마비시켰지만,

그래도 불안했는지 벌은 숙주 안에 기생하는 전략을 시도한다.

그런데 문제가 있었다. 체내에 알을 낳으면
혈액 속 면역세포에게 공격을 당해 살아남을 수 없었던 것이다.

그래서 벌은 기상천외한 전략을 구사하는데, 바로 바이러스와의 공생이다.

벌은 해치지 않지만, 숙주의 면역 시스템은
무너뜨리는 바이러스와 공생을 한 것이다.

암컷이 숙주의 몸에 침을 꽂고 알을 낳을 때 이 바이러스를 주입한다.

그러면 바이러스는 숙주의 면역 시스템을 파괴하면서
알은 건드리지 않고

알에서 깨어난 애벌레는 면역세포가 공격하지 않는 환경에서

숙주를 신나게 갉아먹을 수 있게 된다.
이런 협동 공격으로 두 기생자는 숙주를 철저히 점령할 수 있었다.

물론 숙주의 외피에 기생하는 방식도 여전히 인기가 많다.

그중 지금은 많이 사라졌지만, 사람의 외피에 기생하는 이도 있다. 이는 머리, 몸, 사타구니에 각각 다른 종이 기생하며,

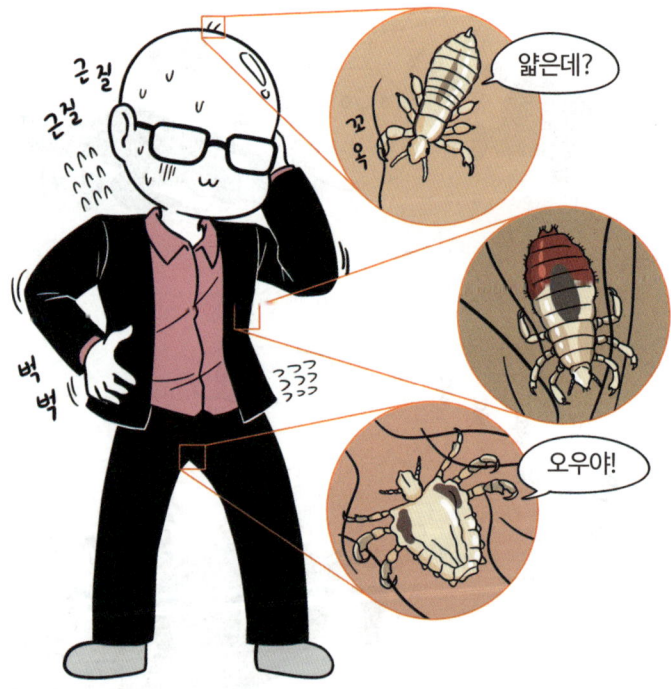

각자 사는 환경의 모발을 잘 붙잡기 위해 알맞은 크기의 집게를 갖추고 있다.

이 중 머리에 사는 머릿니와 몸에 사는 몸니의 분화는
인간에게서 털이 사라지는 시점으로 보인다.

일종의 지리적(?) 종 분화인 셈이다.

이 시기쯤 인간이
옷을 만들어 입었을 것으로 추정한다.

반면 사타구니에 기생하는 사면발니는
고릴라에 기생하던 이가 인간으로 넘어온 것이다.

어째서 인간과 고릴라가 몸을 뒹굴다 옮겨왔는지는 모르지만
고릴라의 굵은 털에서 살던 사면발니가
인간 몸에서 의지할 곳은 굵은 음모뿐이었다.

뛰는 놈 위에 나는 놈

기생 곤충은 기존에 생태적 지위를 차지한 종을 한 번 더 차지합니다. 그런 기생 곤충에게 기생하는 기생 곤충(Hyperparasitoids)이 있습니다. 덮어쓰기의 덮어쓰기인 셈이죠.

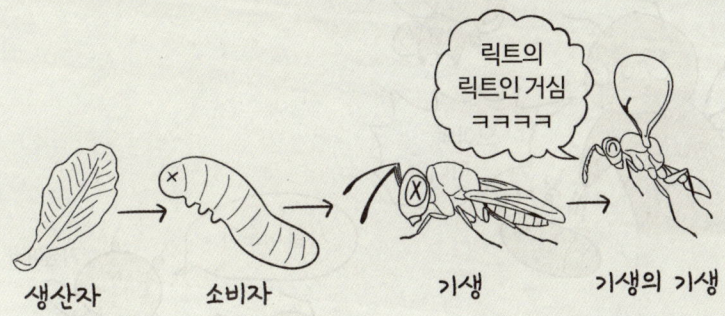

연가시의 곤충 유전자 획득

곤충은 열심히 기생하지만, 또 역으로 곤충에게 기생하는 연가시가 유명합니다. 특히 숙주를 조종해서 물에 뛰어들게 만들어 익사시키고 본인은 빠져나와 번식하는 레퍼토리가 워낙 충격적이라 대중적으로 잘 알려져 있습니다. 그러나 이 연가시가 어떻게 숙주를 조종하는지 알려져있지 않았는데 최근에서야 밝혀졌습니다. 연가시가 사마귀를 조종할 때 발현되는 유전자 3,100여 개가 조사됐는데, 그중 1,400개가 사마귀의 것으로 밝혀졌습니다. 즉, 연가시는 사마귀의 행동과 관련된 유전자를 가로챈 뒤(수평적 유전자 이동) 사마귀를 조종하는 것입니다. 선형동물문의 연가시가 자신과는 전혀 다른 절지동물(곤충)을 조종할 수 있는 이유이지요. 물론 아직 초기 연구라 의심스러운 부분도 많고, 후속 연구로 더 밝혀져야 할 부분이 많습니다.

벌 만만치 않게 파리도 기생을 한다.

그리고 박쥐가
메뚜기들의 울음소리를 듣고 찾아왔듯

일부 기생파리들은 독자적으로 고막을 만들어
메뚜기의 울음소리를 듣고 찾아온다.

24화

왜 비싼 외제차를 탈까

익룡 닉토사우루스의 과시용 볏
이래도 잘 날았다고 한다.

자연계에 아무리 무시무시한
포식자가 있더라도

피식자들은 자기 나름의 방법으로 생존하고,
어찌 되든 개체 수의 평형이 이루어진다.

그러나 어떤 생태계에 외래종이 유입되면
피식자들은 한 번도 상대해본 적 없는 외래종에게 그대로 당하고 만다.

또 외래종을 사냥할 수 있는 포식자도
낯선 외래종을 함부로 사냥하지 못하는 모습을 보인다.

그렇게 고비 풀린 외래종은
날뛰며 생태계의 안정을 깨뜨린다.

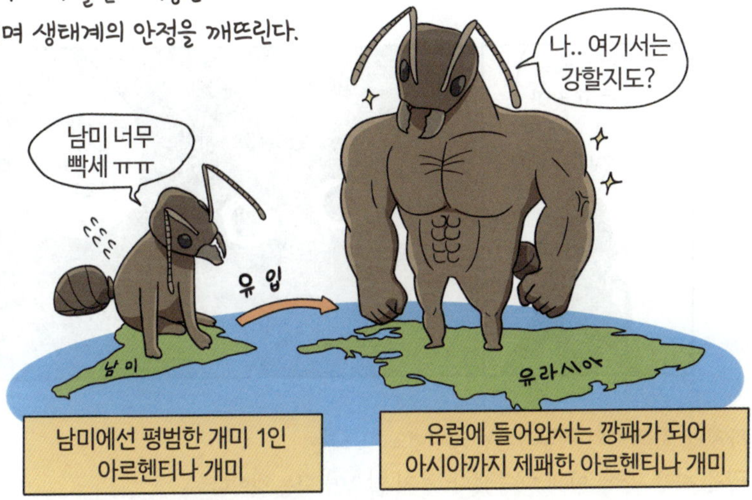

메뚜기의 울음소리를 듣는 기생파리는
원래 서식지인 북미, 아시아에서는 평범하다.

그러나 이 기생파리가 하와이에 유입되자,

이런 유형의 포식자가 처음이었던 귀뚜라미에겐 엄청난 위협이 되었다.

하지만 하와이의 귀뚜라미는 100년도 안 되는 짧은 시간 만에 이에 대응했다. 울지 않으면 되는 것이다.

울지 않으면 암컷을 만날 기회가 줄어들지만,
이들은 그 전에 생존을 선택한 것이다.

하와이의 귀뚜라미는 울음소리를 내는
날개가 망가지면서 울지 않게 되었는데,

흥미로운 점은, 섬마다 망가진 날개의 모습이 제각각 다르다는 것이다.

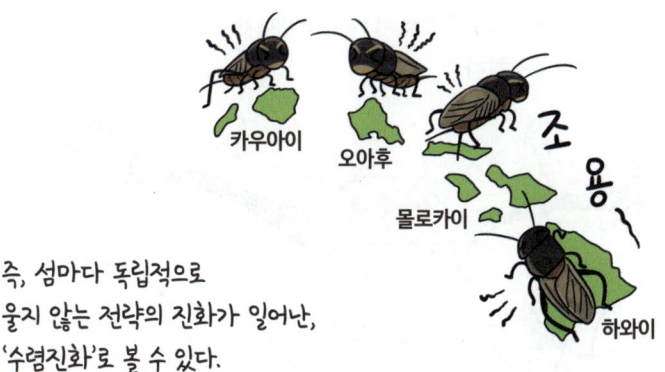

즉, 섬마다 독립적으로
울지 않는 전략의 진화가 일어난,
'수렴진화'로 볼 수 있다.

귀뚜라미는 생존을 위해 짝짓기의 기회를 줄였지만, 많은 동물은 짝짓기를 위해 사치를 부리며 생존에 불리한 '핸디캡'을 감수한다.

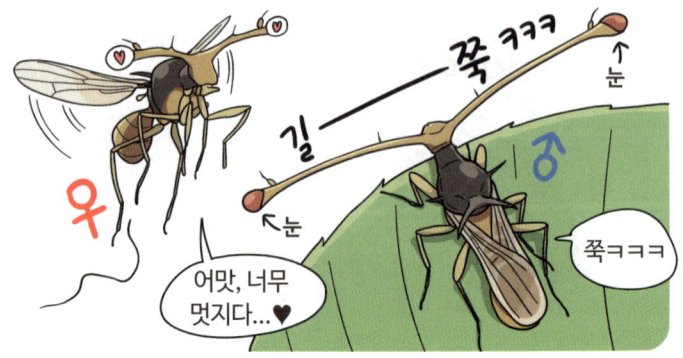

이런 사치는 생존에 불리할 정도로 거추장스럽지만,

이 정도의 비용을 감수하면서도 자신에게 이 정도의 핸디캡은 생존에 문제되지 않음을 과시한다.

이러한 사치는 굳이 짝짓기만을 위한 것은 아니다.
아프리카의 영양들은 초원 위를 방방 뛰면서 어그로를 끈다.

이렇게 위험하고 쓸데없이 에너지를 소모하는 행동은
사슴, 양 같은 발굽동물에서 종종 관찰된다.
이런 쓸데없는 행동은 포식자에게 '난 재빠르고, 이렇게 에너지를 소모해도
충분히 도망칠 수 있다'는 메시지를 전달한다.

그래서 포식자와 피식자 모두 쓸데없는 추격전을
하지 않아 양쪽 모두에게 이득이 된다.

아프리카의 종달새는 포식자에게 쫓기면서 쓸데없이 노래를 부르는 여유를 보인다.

'나는 노래를 부를 만큼 이 추격전에서
여유로우니 포기해라'쯤의 메시다.

이건 사람도 마찬가지다.
비싼 외제차를 타거나 비싼 시계를 사는 것 같은 사치는

동물들의 사치와 같은 맥락이다.
'이 정도로 비싼 것을 사고 남을 만큼
나는 능력이 된다'고 과시하는 것이다.

이 에너지 낭비 같은 사치는
역사적으로 강력한 효과를 나타냈다.

물론 너무
사치를 부려
심하게 나대다간
죽을 수 있고

충분히 사치를 부리지 않으면 뛰어난 효과를 보지 못한다.

결국 가성비 좋은 타협점에서 사치를 부려 살아남는다.

대눈파리

대눈파리과의 파리들은 암수 모두 눈이 양옆으로 길게 늘어져 있는데, 수컷이 더 긴 성적이형(같은 종의 암수에서 나타나는 형태, 크기, 구조 등의 뚜렷한 차이점)을 띱니다. 암컷은 수컷의 눈이 길면 길수록 선호하는 특이한 성적 취향이 있어서 수컷을 만나면 얼굴을 맞대면서 수컷의 눈이 얼마나 긴지 체크합니다. 수컷은 눈 길이에 비례해서 눈이 길수록 더 많은 암컷을 차지합니다.

이들의 번식 시장에서 중요한 눈의 길이는 유전적으로 물려받아 결정되기도 하고, 어린 시절 영양 상태에 따라 결정되는 부분도 있습니다. 게다가 대눈파리들의 번데기는 평범한 파리 번데기와 다를 바 없기 때문에 번데기에서 우화하면 열심히 공기 펌핑을 해서 눈 구조를 풍선 불듯이 부풀리기까지 해야 합니다.

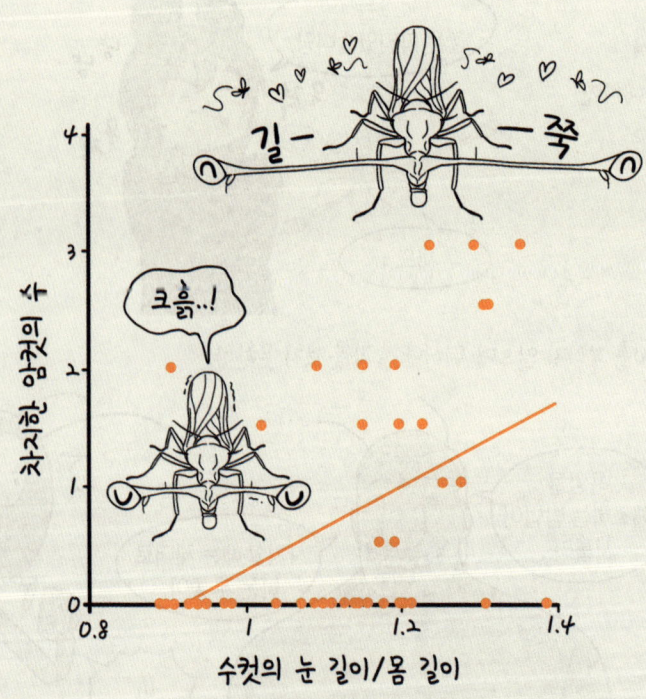

사치의 가성비

어느 정도의 사치를 부리면 유리하다는 핸디캡 이론은 단순히 생물들의 관찰을 모아 통찰한 것에 그치지 않고, 수학적으로 모델이 만들어져 있습니다. 다음과 같은 그래프로 표현해 볼 수 있습니다. (최대한 직관적으로 이해하기 쉽게 번역해봤습니다.)

사치를 부릴 때마다 지불해야 하는 비용이 증가하고, 그만큼 이익이 증가합니다(빨간색). 다만 사치를 부리는 정도가 심해지면 비용과 이익이 이전만큼 올라가지 않습니다. 너무 적게 비용을 투자하면 이익이 미미할 것이고, 너무 많이 비용을 투자하면 그만큼 가성비가 나오지 않을 겁니다. 그래서 우리는 비용 대비 이익이 최대가 되는 구간, 가성비 좋은 구간을 찾아야 합니다.

사치는 값싼 사치와 비싼 사치 두 가지로 나누어 볼 수 있습니다. 각각의 전략마다 성질이 다르기에 비용에 따른 이익의 정도 또한 다릅니다. 따라서 두 전략은 투자해야 하는 비용도 다르고, 그에 따라 기대되는 이익도 다릅니다.

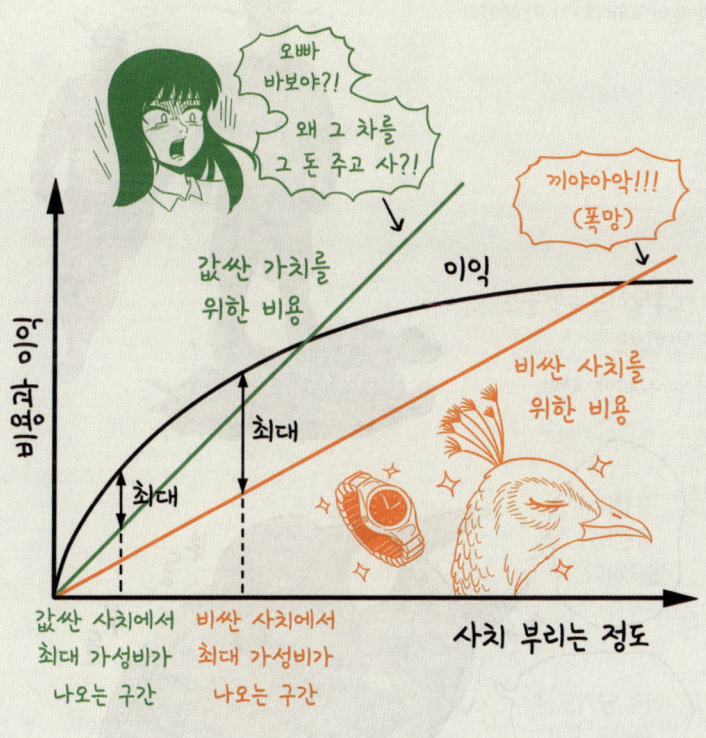

25화

바다이구아나의 자위

갈라파고스의 바다이구아나
바다이구아나는 몸집이 큰 수컷만 잠수하고 수영할 수 있으며,
암컷과 몸집이 작은 수컷은
썰물 때 조간대에서 먹이를 찾는다.

톱사슴벌레의 수컷은 커다랗게 휘어진 턱으로
상대를 집어 올리며 싸운다.

반면 조그만 수컷들은 턱 모양이
가위처럼 매우 반듯하다.

큰 수컷과 몸싸움으로는 안 되니 가위 같은 턱으로
상대의 다리를 자르면서 공격하기 때문이다.

이렇게 경쟁에서 밀리는 수컷들은 어설프게
정면 승부를 하는 대신 틈새시장을 노려야 한다.

수컷 쇠똥구리에게 뿔의 크기는 곧 힘이고,
강한 수컷임을 의미한다.

그래서 애매한 크기의 뿔을 가진 수컷은
큰 뿔을 가진 수컷에게 밀려 짝짓기 성공률이 적다.

반면 완전 작은 뿔을 가진 수컷은 애매한 크기의
뿔을 가진 수컷보다 짝짓기 성공률이 높다.

이들은 알파와 베타가
서로의 뿔을 갖고 자웅을 겨루는 동안

몰래 암컷에게 접근해 짝짓기를 하고
튀기 때문이다.

게다가 뿔의 크기보다는
고환 크기에 에너지를 투자해서 더 많은 정자로 수정 확률을 높인다.

비슷한 이유로 종 내 수컷끼리의 체급 차이가 나는 경우가 꽤 있다.

아프리카의 방광메뚜기는 덩치가 큰 수컷이 거대한 배를 울림통 삼아 2킬로미터 밖까지 들리게 우렁차게 노래를 한다.
그러면 암컷들이 몰려오는데

주위에 대기 타며 숨어 있던 애매한 수컷들이 몰래 암컷들을 하나씩 차지한다.

한술 더 떠 알파가 지배하는 하렘에 몰래 들어가
암컷과 짝짓기를 하기 위해 암컷으로 위장하는 경우도 흔하다.

 암컷 같아 보인다고 암컷이라고 단언할 수 없습니다.
자연에서는, 간단하게 수컷들이 암컷으로 위장할 수 있습니다. 많은 곤충, 갑각류, 오징어, 물고기, 도마뱀, 새 등의 수컷들이 암컷으로 위장해 다른 수컷과의 경쟁을 회피하고, 배우자에게 더 쉽게 접근하기 위한 짝짓기 전략으로 사용합니다. 암컷 의태가 반드시 존재함을 고려하고, 무리에서 사이가 좋게 되었다는 것만으로 신용하지 않도록 합시다.

수컷 오징어는 암컷으로 위장하기 위해 암컷의 색도 흉내 내고,
수컷임이 티 나는 네 번째 다리도 숨긴다.

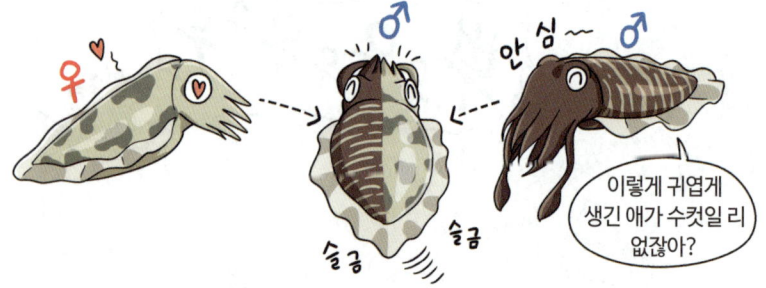

바다이구아나도 몸집이 작은 수컷이 크고 강한 수컷 영역에서
암컷에게 몰래 접근해 짝짓기를 시도하는데...

그 전에 자위를 한다.

미리 자위를 해서 정자를 보관해둔 뒤,
재빠르게 암컷에게 정자를 전달하고
도망치는 전략이다.

베타 수컷에게 자위는 친근한 행위인 것이다.

동물행동학에서 동물들 사이의 위계, 지배 구조를 나타내는 '알파, 베타'라는 단어는 요즘 밈으로 쓰인다.

알파
- 마초
- 상남자

베타
- 하남자
- 너, 나, 우리

물론 인간에게 오용되어 남발되는 유사과학적인 용어다.

설득력 없는 설득을 하는 사람이 있습니다.

자위를 하는 동물들

인간뿐만 아니라 바다이구아나처럼 동물도 자위를 합니다. 인간과 가까운 원숭이 같은 영장류는 기본이고 개와 고양이, 사슴, 코끼리, 코뿔소, 수달, 땅다람쥐, 고래 등 다양한 동물이 자위를 합니다. 그 방법도 가지각색입니다. 영장류나 사자는 자기 손을 사용하고, 박쥐나 몇몇 영장류는 자기 발을 사용합니다. 바다코끼리는 지느러미처럼 넓적한 앞발을 아주 잘 사용합니다. 개코원숭이는 자기 꼬리를 이용합니다. 침팬지나 원숭이, 산양, 기니피그는 자기 입으로 직접 할 줄 압니다. 영장류나 고래는 도구도 쓸 줄 압니다. 이런 방식이 불가능한 새 같은 동물들은 바닥에 비비는 식으로 해결합니다.

왜 동물이 에너지와 자원을 낭비하는 자위를 하는지에 대해 여러 추측이 있습니다. 단순히 과도한 성욕의 부산물로 일어나는 결과일 수 있지만, 바다이구아나의 경우 확실히 수컷의 짝짓기 성공률을 높이는 전략일 수 있습니다. 원숭이들도 짝짓기 전에 자위를 통해 미리 준비하기도 합니다. 혹은 '음경 과시'를 위한 구애 행위로 작용할 수도 있습니다. 병원균을 씻어내 숙주 감염을 줄이는 기능으로도 추측해 볼 수 있습니다.

코끼리는 코가 손이래…

꿀벌이 멸종하면 인류가 멸종한다고 했다. 아인슈타인이 그랬다 카더라.

모기는 1년에 수십만 명을 질병으로 죽이지만,
생태계에서 중요한 역할을 하기에 함부로 멸종시킬 수 없다고 한다.

과연 그럴까?

에필로그

죽어가는 모든 것을
사랑해야지 (1)

그냥 배추흰나비 아님? ㅋㅋ

무엄하다!!!

상제나비
한국에서는 1990년 이후 채집되지 않는다.

그리고 오늘날 인간 활동에 의해 여섯 번째 대멸종이
일어나고 있음을 모두 인지하고 있다.

'생물다양성'이라는 단어를 만든 에드워드 윌슨은
다음과 같이 지적했다.

이에 우리는 경각심을 갖고 멸종을 막기 위해 힘쓰곤 한다.

그러나 급히 현재의 상태를 붙잡기 전에
멸종에 대해 다시 한 번 생각해볼 필요가 있다.

멸종은 진화의 원동력이다.

적응이 뒤떨어지는 개체는 탈락하고
살아남은 개체가 번성하는 것이 진화의 메커니즘이다.

이 과정 속에서 지금까지 대략 500억 종이 멸종한 것으로 추정되며,

앞으로 있을 99.9%의 종은 이 필연적인 죽음을 피할 수 없을 것이다.

현재의 대멸종은 다른 멸종과 달리 인간 문명에 의한 것이기 때문에 인위적인 사건으로 여겨진다.

그러나 인간 역시 생물권의 일부이기에 인간의 의지에 따라 결정되는 결과는 자연스러운 것이다.

그리고 인간이 원인이 되든 아니든 간에
여섯 번째 대멸종은 일어날 것이다.

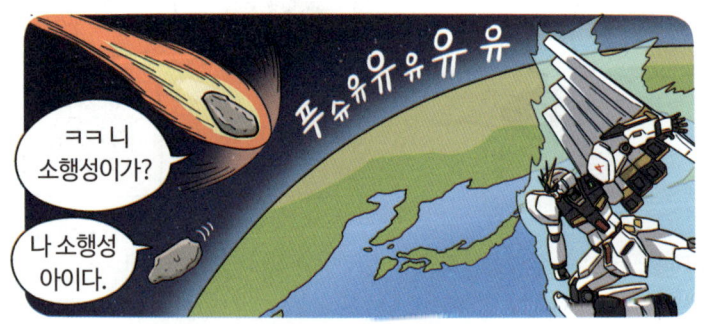

우리가 보존을 위해 어떤 노력을 하든 간에 지구 역사가 그래 왔듯
처참하게 지질학적, 천문학적 힘에 압도당할 것이다.

예를 들어, 5천만 년 뒤 유라시아와 아프리카 대륙이
충돌하면서 새로운 초대륙이 생성되면

서식지가 변화해 엄청난 멸종이 예정되어 있다.

2억 5천만 년 뒤,
다시 한 번 모든 대륙이 뭉쳐 초대륙이 생긴다면
다시 한 번 더 대멸종이다.

그리고 지구의 역사가 그래 왔듯
여섯 번째, 일곱 번째 대멸종이 일어나도 느리지만 다시 회복될 것이다.

대형 파충류가 차지했던 생태적 자리들이 대멸종으로 사라졌지만,

오늘날 다양한 포유류, 조류 등이
그 자리를 차지한 것처럼 말이다.

이것이 필연적인 멸종의 역할이고, 진화가 진행되는 방식이다.

기후 변화는 음모론이라느니, 인간의 노력이 무의미하다는 것을
피력하는 것이 아니다. 멸종을 부정할 수 없다는 것이다.

그러나 우리는 멸종에 있어서 당장의 사태를 막고자
붙잡는 데 신경 쓰는 경향이 있다.

멸종에 대한 태도는 동물의 왕국을 보존하는 것이 아니다.

이미 인간이 바꾼 지구 환경은 돌이킬 수 없고, 지구 스스로도 계속 바뀔 것이다.
그렇다면…

다섯 번의 대멸종

오늘날의 다세포 생물은 다양한 원인으로 다섯 번의 대멸종을 겪었습니다.

1) **오르도비스기-실루리아기(4억 4500만~4억 4400만 년 전)**
   모든 종의 85퍼센트가 멸종됐고, 두 번째로 큰 멸종 사건이었습니다. 완족류, 삼엽충, 극피동물 등에서 멸종이 일어났습니다. 멸종의 원인에 대해서는 여러 가설이 있는데, 화산 활동에 의한 산소 감소 등이 원인으로 꼽힙니다.

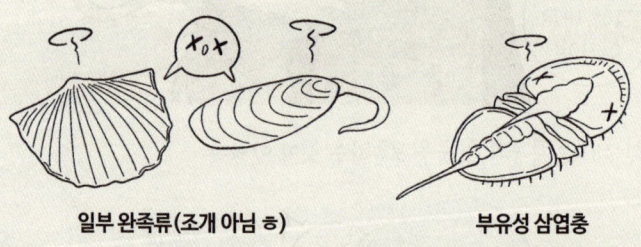

일부 완족류(조개 아님 ㅎ)   부유성 삼엽충

2) **데본기 후기(3억 7200만~3억 5900만 년 전)**
   데본기 후기에 걸쳐 긴 기간에 일어난 멸종이며, 모든 종의 70퍼센트가 멸종됐습니다. 갑주어, 판피어 등의 과도기적인 원시 물고기들이 멸종하고 삼엽충은 하나의 목을 제외하고 전부 멸종했습니다. 멸종의 원인이 확실하지 않은데, 빙하기 도래에 의한 해수면의 변화, 초신성 대폭발 등이 제시되고 있습니다.

과거의 원시적인 물고기들

3) **페름기-트라이아스기(2억 5200만 년 전)**
   모든 해양종의 약 81퍼센트, 육상 척추동물의 약 70퍼센트가 멸종됐고, 가장 큰 멸종 사건이었습니다. 삼엽충, 바다전갈 등이 멸종하고, 곤충에서도 많은 계통이 멸종했습니다. 이전까지 우세하던 단궁류도 대다수가 멸종했습니다. 멸종의 원인으로는 시베리아에서 분출한 엄청난 규모의 화산이 메탄가스를 분출하며 지구온난화를 가속화한 것이 유력합니다.

생존자: 리스트로사우루스

4) 트라이아스기-쥐라기(2억 1300만 년 전)

전체 종의 70~75퍼센트가 멸종됐습니다. 해양에서는 코노돈트가 멸종됐고, 육상에서는 대부분의 비공룡 지배파충류, 거대 양서류, 단궁류 등이 멸종해 공룡에게는 번성할 기회가 되었습니다. 멸종의 원인으로는 기후 변화, 화산 활동 등이 제시되고 있습니다.

코노돈트

5) K-Pg 대멸종(6600만 년 전)

모든 종의 75퍼센트가 멸종됐습니다. 비조류 공룡이 멸종했고, 해양 파충류와 암모나이트 등이 멸종했습니다. 멸종의 원인으로는 현재의 멕시코 유카탄반도에 운석이 떨어진 것이 유력합니다.

1년에 100억 마리 단위로 꿀벌이 사라진다고 한다.

전염병, 기후 변화 등이 원인이다.
물론 꿀벌이 사라져도 수많은 벌과 다른 곤충들이
대신 꽃가루를 나르며 빈자리를 대신할 것이다.

문제는 다른 곤충들도 같이 사라지고 있다는 것이다.

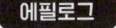

죽어가는 모든 것을
사랑해야지 (2)

갈로아벌레
추위에 적응하며 날개를 잃었다.
과거에는 번성했으나 지금은 전 세계에 30여 종만 남아 있다.
서식지는 점점 더 줄어들고 있다.

멸종은 연쇄적으로 일어난다.

인간에 의한 급진적인 변화는
많은 동물의 연쇄적인 멸종을 초래했고

실제로 국지적인 생태계 붕괴와
생물다양성의 감소를 야기했다.

그러나 생물다양성에 대한 관심은
사실 꽤나 인간 중심적이다.

인간은 왜 생물다양성을 보존해야 할까?
이기적이지만, 인류의 안정적인 미래를 위해서다.

몇몇 생물다양성은 오히려 인간에게 해로울 수 있다.

놀라울 만큼,
그 누구도 관심을 주지 않았다.

이미 오랫동안 인간들은 생존을 위해 환경을 변화시키고,
다른 종에게 해를 끼쳐왔으며

유해한 종들과 철저히 싸워왔다.

현재 인간의 가장 큰 적인 모기의 경우,
멸종시킬 수 없는 윤리적 문제가 있는 게 아니라
그냥 인간이 멸종시키지 못한 것일 뿐이다.

끝내 인간이 모기를 멸종시킨다면 이미 인간이 멸종시킨 수많은 병해충의 빈자리처럼 다른 종이 그들의 이로운 역할을 대신할 것이다.

인간만이 인위적으로 환경을 바꾸고 다른 종을 파멸시키는 생물은 아니다. 식물에 사는 개미도 자신의 보금자리가 되는 식물이
잘 자랄 수 있도록 주위 환경의 다른 식물을 전부 뽑아버리고

비버도 댐을 만들어 주변 환경에 국지적인 멸종을 초래한다.

물론 인간은 지구 스케일로 환경을 바꾸어놓았다.
그리고 이렇게 바뀐 지구는 자연스럽게 굴러간다.

유입된 외래 식물은 침입한 지역을 척박한 지역까지 뒤덮는다.
덕분에 토양 유실이 적고, 탄소 순환도 촉진된다.

플로리다에서는 반려동물로 도입한 파충류 140여 종이 야생에 풀려났으나 멸종된 토착종 없이 성공적으로 정착해 번성하고 있다.

만약 적응이 더 뛰어난 외래종에 의해 토착종이 멸종한다면 그 또한 생명의 역사에서 자연스러운 한 사건의 일부일 것이다.

있는 그대로가 최고지만 되돌아 올 수 없고, 복구하려 노력해도 되돌아 오지 않기 때문이다.

따라서 자연계의 수많은 종이 자연스럽게 사라지듯 우리 인간의 활동에 의해 앞으로도 멸종되는 종이 있음을 인정하고 받아들일 수밖에 없다.

코로나 바이러스 때문에 인간의 활동이 줄자 잠시 지구가 바뀌었다.
인간 활동이 지구에 끼치는 영향을 생각해보면 당연한 일이다.

그러나 깨끗한 지구를 위해서 인간이 죽어야 하는 건 아니다.

결국 인간인 우리는 인간 중심적인 태도를 취할 수밖에 없다.

다행히 현재의 인류 문명은 절제하고 공존하는 법을 안다.

예전처럼 무식하게 숲을 밀어버리지 않고,
쓰레기 내던지는 빈도를 줄이고 있으며,
생태계와 서식지를 이론적으로 보존하고 관리할 능력도 갖췄다.

맺음말

《만화로 배우는 곤충의 진화》로 시작해서 《만화로 배우는 공룡의 생태》를 지나 이번 작품까지 왔습니다. 첫 번째 곤충 만화에서는 4억 년 전에서 현재까지 살아온 절지동물문 내에서 120만여 종의 곤충이라는 동물을 한정적으로 다루었습니다. 두 번째 공룡 만화에서는 더 좁게 2억 4천만 년에서 현재까지 살아온 척추동물문 내에서 현생 조류를 포함한 11,600여 종의 공룡 중 6천 5백만 년 전까지만 생존한 비조류 공룡 700여 종에 대해서만 집중해 다루었습니다.

이번 작품에서는 곤충과 공룡, 그리고 곤충과 공룡이 아닌 모든 것들을 다루고자 했습니다. 덕분에 시간과 분류군에 대한 어떤 제한도 없이 최초의 생명이 탄생한 37억 년 전부터 지금까지의 여러 생물에 대해 자유자재로 이야기할 수 있었지요. 덕분에 뱀과 익룡에 대해 이야기하고, 주머니늑대의 사연도 담을 수 있었습니다. 여전히 곤충과 공룡 이야기를 제일 즐겁게 하였지만요. 다만 모든 것을 그려내겠다는 야심 찬 계획과는 달리 몇몇 이야기만 신나게 조금씩 하다가 책 한 권이 끝나버렸습니다. 어찌 보면 당연한 일입니다. 120만 종 37억 년의 역사를 한 권에 담아내는 건 불가능에 가깝고, 다시 생각해보니 오만했다는 생각마저 듭니다.

그래서 이번 작품은 특정 주제를 집중해 다루게 되었습니다. 초반에는 생명의 탄생과 근본적인 설계에 대해, 그리고 이 진화의 역사를 가능하게 한 원동력들과 그 예시들, 마지막으로 모든 것의 끝인 멸종에 대한 내용이었다고 말할 수 있습니다. 특히 마지막 에피소드는 곤충 만화와 공룡 만화 모두에 대한 에필로그이기도 합니다. 그러나 이렇게 시리즈를 마무리 짓기에는 아쉬운 점이 많습니다. 못 다룬 이야기도 너무 많습니다. 예시가 거의 동물인 탓에 다 그려놓고 보니 결과적으로 이번 작품에서 식물과 균, 미생물은 많이 외면을 받기도 했습니다. 이 고민은 언제 어떤 형식으로 나올지 모를, 다음 작품으로 미루도록 하겠습니다.

이번 작품을 준비하면서 좋아하는 곤충을 열심히 보러 다녔습니다. 덕분에 온라인 연재 중 한 달에 한 번 꼴로 휴재를 냈지요. 주간 연재에서 격주 연재로 튀는 추한 모습도 보였지요. 그 사이에 저는 태국과 캐나다, 말레이시아(보르네오), 남미 프랑스령 기아나, 그리스, 일본(오키나와·이시가키·이리오모테·도쿄·홋카이도), 미국(캘리포니아·텍사스), 멕시코를 방문했으며 생물 총 839종, 메뚜기 총 262종을 관찰했습니다.

처음 곤충 만화를 그릴 때 '내가 알고 있는 걸 만화로 정리해보자'로 시작했기에 사람들이 재미있게 읽어줄 거라는 생각을 하지 못했습니다. 그러나 많은 독자들의 관심과 지지 덕분에 이렇게 세 번째 책까지 그릴 수 있었습니다. 제가 좋아하는 것을 사람들이 재미있게 들어주고 읽어주고 관심을 가져준다는 것 자체가 축복이라는 사실을 최근에서야 깨닫게 됐습니다. 여전히 제 만화를 재미있게 읽고 이 자잘한 이야기에 귀 기울여주는 독자 여러분, 깊이 감사드립니다.

2023년 12월 김도윤(갈로아)

참고문헌

프롤로그

닐 슈빈, 김명남 옮김, 《내 안의 물고기》, 김영사, 2009.

Wedel, M. J., "A monument of inefficiency: The presumed course of the recurrent laryngeal nerve in sauropod dinosaurs", *Acta Palaeontologica Polonica* 57.2 (2011): 251-256.

1화 닭으로 공룡 만들기
2화 알이 먼저냐, 닭이 먼저냐

리처드 도킨스, 홍영남 외 옮김, 《이기적 유전자》, 을유문화사, 2018.

Jack Horner, "Where are the baby dinosaurs?", TED×Vancouver, 2011.

Joris Peters, et al., "The biocultural origins and dispersal of domestic chickens", *Proceedings of the National Academy of Sciences* 119.24 (2022): e2121978119.

Matthew P. Harris, et al., "The development of archosaurian first-generation teeth in a chicken mutant", *Current Biology* 16.4 (2006): 371-377.

Nicholas E. Collias, et al., "Ecology of the red jungle fowl in Thailand and Malaya with reference to the origin of domestication", *Natural History Bulletin of the Siam Society* 22 (1967): 189-209.

3화 곤충의 합체된 머리
4화 곤충의 가슴과 윌리스턴의 법칙

5화 곤충의 배와 혹스 유전자

션 B. 캐럴, 김명남 옮김, 《이보디보, 생명의 블랙박스를 열다》, 지호, 2007.

Armin P. Moczek, et al., "When ontogeny reveals what phylogeny hides: gain and loss of horns during development and evolution of horned beetles", *Evolution* 60.11 (2006): 2329-2341.

Charles P. Taylor, "Contribution of compound eyes and ocelli to steering of locusts in flight: I. Behavioural analysis", *Journal of Experimental Biology* 93.1 (1981): 1-18.

Courtney M. Clark-Hachtel, et al., "Exploring the origin of insect wings from an evo-devo perspective", *Current opinion in insect science* 13 (2016): 77-85.

Heather S. Bruce, et al., "Knockout of crustacean leg patterning genes suggests that insect wings and body walls evolved from ancient leg segments", *Nature ecology & evolution* 4.12 (2020): 1703-1712.

Hu Yonggang, et al., "Beetle horns evolved from wing serial homologs", *Science*, 366.6468 (2019): 1004-1007.

Jarmila Kukalová-Peck, "Phylogeny of higher taxa in Insecta: finding synapomorphies in the extant fauna and separating them from homoplasies", *Evolutionary biology* 35 (2008): 4-51.

Matthew S. Stansbury, et al., "The function of Hox and appendage-patterning genes in the development of an evolutionary novelty, the Photuris firefly lantern", *Proceedings of the Royal Society* B 281.1782 (2014): 20133333.

Najmus S. Mahfooz, et al., "Differential expression patterns of the hox gene are associated with differential growth of insect hind legs", *Proceedings of the National Academy of Sciences* 101.14 (2004): 4877-4882.

Park Tae-Yoon, et al., "Brain and eyes of Kerygmachela reveal protocerebral ancestry of the panarthropod head", *Nature communications* 9 (2018): 1019.

Russel D. C. Bicknell, et al., "Raptorial appendages of the Cambrian apex predator Anomalocaris canadensis are built for soft prey and speed", *Proceedings of the royal society* B 290.2002 (2023): 20230638.

6화 메뚜기의 대량 발생(1)
7화 메뚜기의 대량 발생(2)

Bregje Wertheim, et al., "Pheromone-mediated aggregation in nonsocial arthropods: an evolutionary ecological perspective", *Annual review of entomology* 50 (2005): 321-346.

C. J. Lomer, et al., "Biological control of locusts and grasshoppers", Annual review of entomology 46.1 (2001): 667-702.

R. Bateman, et al., "Screening for virulent isolates of entomopathogenic fungi against the desert locust", *Biocontrol Science and Technology* 6.4 (1996): 549-560.

Song Ho-Jun, et al., "Phylogeny of locusts and grasshoppers reveals complex evolution of density-dependent phenotypic plasticity", *Scientific reports* 7.1 (2017): 6606.

Stephen J. Simpson, et al., "Polyphenism in insects", *Current Biology* 21.18 (2011): R738-R749.

8화 소문의 오키나와앞장다리풍뎅이

Hidetoshi Ota, "Geographic patterns of endemism and speciation in amphibians and reptiles of the Ryukyu Archipelago, Japan, with special reference to their paleogeographical implications", *Researches on Population Ecology* 40 (1998): 189-204.

Yoshihiko Kurosawa, "Discovery of a new long-armed scarabaeid beetle (Coleoptera) on the Island of Okinawa", *Bulletin of the National Science Museum: Zoology* 10.2 (1984): 63.

9화 사라졌던 대벌레

피오트르 나스크레츠키, 지여울 옮김, 《가장 오래 살아남은 것들을 향한 탐험》, 글항아리, 2012.

Alexander S. Mikheyev, et al., "Museum genomics confirms that the Lord Howe Island stick insect survived extinction", *Current Biology* 27.20 (2017): 3157-3161.

Ben D. Bell, et al., "Leiopelma pakeka, n. sp.(Anura: Leiopelmatidae), a cryptic species of frog from Maud Island, New Zealand, and a reassessment of the conservation status of L. hamiltoni from Stephens Island", *Journal of the Royal Society of New Zealand* 28.1 (1998): 39-54.

David Priddel, et al., "Rediscovery of the 'extinct' Lord Howe Island stick-insect (Dryococelus australis (Montrouzier)) (Phasmatodea) and recommendations for its conservation", *Biodiversity & Conservation* 12 (2003): 1391-1403.

Marc E.H. Jones, et al., "Integration of molecules and new fossils supports a Triassic origin for Lepidosauria (lizards, snakes, and tuatara)", *BMC evolutionary biology* 13 (2013): 1-21.

10화 코모도왕도마뱀은 정말 코끼리를 사냥했나
11화 주머니늑대와 섬의 저주
12화 제주도의 메뚜기를 찾아서

김태우, 《메뚜기 생태도감》, 지오북, 2013.
데이비드 쾀멘, 이충호 옮김, 《도도의 노래》, 김영사, 2012.

Bryan G. Fry, et al., "A central role for venom in predation by Varanus komodoensis (Komodo Dragon) and the extinct giant Varanus (Megalania) priscus", *Proceedings of the National Academy of Sciences* 106.22 (2009): 8969-8974.

Ian G. Brennan, et al., "Phylogenomics of monitor lizards and the role of competition in dictating body size disparity", *Systematic Biology* 70.1 (2021): 120-132.

Scott A. Hocknull, et al., "Dragon's paradise lost: palaeobiogeography, evolution and extinction of the largest-ever terrestrial lizards (Varanidae)", *PLOS ONE* 4.9 (2009): e7241.

Thomas M. Cullen, et al., "Theropod dinosaur facial reconstruction and the importance of soft tissues in paleobiology", *Science* 379.6639 (2023): 1348-1352.

13화 멸종의 운명을 피한 말
14화 유니콘이 없는 이유

스티븐 부디안스키, 김혜원 옮김, 《말에 대하여》, 사이언스북스, 2005.

Charleen Gaunitz, et al., "Ancient genomes revisit the ancestry of domestic and Przewalski's horses", *Science* 360.6384 (2018): 111-114.

Lorenzo Rook, et al., "Mammal biochronology (Land Mammal Ages) around the world from Late Miocene to Middle Pleistocene and major events in horse evolutionary history", *Frontiers in Ecology and Evolution* (2019): 278.

Tim Caro, et al., "Benefits of zebra stripes: Behaviour of tabanid flies around zebras and horses', *PLOS ONE* 14.2 (2019): e0210831.

15화 살아있는 화석 실러캔스
16화 실러캔스, 너의 이름은

룰루 밀러, 정지인 옮김, 《물고기는 존재하지 않는다》, 곰출판, 2021.

스티븐 허드, 조은영 옮김, 《생물의 이름에는 이야기가 있다》, 김영사, 2021.

Gabriele Kühl, et al., "A great-appendage arthropod with a radial mouth from the Lower Devonian Hunsruck Slate", *Science* 323.5915 (2009): 771-773.

J. L. B. Smith, "A living fish of Mesozoic type", *Nature* 143.3620 (1939): 455-456.

Mark V. Erdmann, et al., "Indonesian 'king of the sea' discovered", *Nature* 395.6700 (1998), 335.

R. Ewan Fordyce, et al., "The pygmy right whale Caperea marginata: the last of the cetotheres", *Proceedings of the Royal Society B*: Biological Sciences 280.1753 (2013): 20122645.

17화 스피노사우루스의 변천사

Donald M. Henderson, "A buoyancy, balance and stability challenge to the hypothesis of a semi-aquatic Spinosaurus Stromer, 1915 (Dinosauria: Theropoda)", *PeerJ* 6 (2018): e5409.

Matteo Fabbri, et al., "Subaqueous foraging among carnivorous dinosaurs", *Nature* 603.7903 (2022): 852-857.

Nizar Ibrahim, et al., "Semiaquatic adaptations in a giant predatory dinosaur", *Science* 345.6204 (2014): 1613-1616.

Nizar Ibrahim, et al., "Tail-propelled aquatic locomotion in a theropod dinosaur", *Nature* 581.7806 (2020): 67-70.

Romain Amiot, et al., "Oxygen isotope evidence for semi-aquatic habits among spinosaurid theropods", *Geology* 38.2 (2010): 139-142.

Marco Schade, et al. "A reappraisal of the cranial and mandibular osteology of the spinosaurid Irritator challengeri (Dinosauria: Theropoda)", *Palaeontologia Electronica* 26.2 (2023): 1-116.

18화 뱀은 땅에서 솟았나, 물에서 솟았나
19화 뱀, 공포, 인지, 경쟁

매슈 F. 보넌, 황미영 옮김, 《뼈, 그리고 척추동물의 진화》, 뿌리와이파리, 2018.

Jason J Head, et al., "Cranial osteology, body size, systematics, and ecology of the giant Paleocene snake Titanoboa cerrejonensis", *J Vert Paleontol* 33 (2013): 140-141.

Michael W. Caldwell, *The origin of snakes: morphology and the fossil record*, CRC Press, 2019.

Michael W. Caldwell, et al., "The oldest known snakes from the Middle Jurassic-Lower Cretaceous provide insights on snake evolution, *Nature communications* 6.1

(2015): 5996.

Philip J. Bergmann, et al., "The convergent evolution of snake-like forms by divergent evolutionary pathways in squamate reptiles", *Evolution* 73.3 (2019): 481-496.

Richard J. Harris, et al., "Coevolution between primates and venomous snakes revealed by α-neurotoxin susceptibility", *bioRxiv* 1 (2021): 428735.

Rodolfo Martín-del-Campo, et al., "Hox genes in reptile development, epigenetic regulation, and teratogenesis", *Cytogenetic and Genome Research* 157.1-2 (2019): 34-45.

20화 익룡, 파충류의 하늘 정복기

Koo-Geun Hwang, et al., "New pterosaur tracks (Pteraichnidae) from the Late Cretaceous Uhangri formation, southwestern Korea", *Geological Magazine* 139.4 (2002): 421-435.

Mark P. Witton, *Pterosaurs: natural history, evolution, anatomy*, Princeton University Press, 2013.

Xuanyu Zhou, et al., "A new darwinopteran pterosaur reveals arborealism and an opposed thumb"", *Current Biology* 31.11 (2021): 2429-2436.

21화 모든 예외에는 박쥐가 있다
22화 박쥐 vs 곤충, 군비 경쟁

Akito Y. Kawahara, et al., "Phylogenomics reveals the evolutionary timing and pattern of butterflies and moths", *Proceedings of the National Academy of Sciences* 116.45 (2019): 22657-22663.

Christian A. Pulver, et al., "Ear pinnae in a neotropical katydid (Orthoptera: Tettigoniidae) function as ultrasound guides for bat detection", *Elife* 11 (2022): e77628.

David S. Jacobs, et al., "Beware of bats, beware of birds: the auditory responses of eared moths to bat and bird predation", *Behavioral Ecology* 19.6 (2008): 1333-1342.

G. K. Morris, et al., "High ultrasonic and tremulation signals in neotropical katydids (Orthoptera: Tettigoniidae)", *Journal of Zoology* 233.1 (1994): 129-163.

Gary F. McCracken, et al., "Airplane tracking documents the fastest flight speeds recorded for bats", *Royal Society Open Science* 3.11 (2016): 160398.

Georgia Tsagkogeorga, et al., "Phylogenomic analyses elucidate the evolutionary relationships of bats", *Current Biology* 23.22 (2013): 2262-2267.

Hannah M. Hofstede, et al., "Evolutionary escalation: the bat-moth arms race", *Journal of Experimental Biology* 219.11 (2016): 1589-1602.

Inga Geipel, et al., "Predation risks of signalling and searching: bats prefer moving katydids", *Biology Letters* 16.4 (2020): 20190837.

Jesse R. Barber, et al., "Moth tails divert bat attack: evolution of acoustic deflection", *Proceedings of the National Academy of Sciences*, 112.9 (2015): 2812-2816.

Steffen Roth, et al., "Bedbugs evolved before their bat hosts and did not co-speciate with ancient humans", *Current Biology* 29.11 (2019): 1847-1853.

Zhe Wang, et al., "Prenatal development supports a single origin of laryngeal echolocation in bats", *Nature ecology & evolution* 1.2 (2017): 0021.

23화 곤충의 기생
24화 왜 비싼 외제차를 탈까
25화 바다이구아나의 자위

Armin P. Moczek, et al., "Male horn dimorphism in the scarab beetle, Onthophagus taurus: do alternative reproductive tactics favour alternative phenotypes?", *Animal behaviour* 59.2 (2000): 459-466.

Bruce Bagemihl, *Biological exuberance: Animal homosexuality and natural diversity*, Macmillan, 1999.

David L. Reed, et al., "Pair of lice lost or parasites regained: the evolutionary history of anthropoid primate lice", *BMC Biology* 5 (2007): 1-11.

E. K. Buschbeck, et al., "Eye stalks or no

eye stalks: A structural comparison of pupal development in the stalk-eyed fly cyrtodiopsis and in drosophila", *Journal of Comparative Neurology* 433.4 (2001): 486-498.

Gerald S. Wilkinson, et al., "Female choice response to artificial selection on an exaggerated male trait in a stalk-eyed fly", *Proceedings of the Royal Society* B 255.1342 (1994): 1-6.

Janne S. Kotiaho, et al., "The discrimination of alternative male morphologies", *Behavioral Ecology* 12.5 (2001): 553-557.

Matilda Brindle, et al., "The evolution of masturbation is associated with postcopulatory selection and pathogen avoidance in primates", *Proceedings of the Royal Society* B 290.2000 (2023): 20230061.

Martin Wikelski, et al., "Pre-copulatory ejaculation solves time constraints during copulations in marine iguanas", *Proceedings of the Royal Society of B* 263.1369 (1996): 439-444.

Sonia Pascoal, et al., "Rapid convergent evolution in wild crickets", *Current Biology* 24.12 (2014): 1369-1374.

Tappei Mishina, et al., "Massive horizontal gene transfer and the evolution of nematomorph-driven behavioral manipulation of mantids", *Current Biology* 33.22 (2023): 4988-4994.

에필로그: 죽어가는 모든 것을 사랑해야지 (1) (2)

Alexander Farnsworth, et al., "Climate extremes likely to drive land mammal extinction during next supercontinent assembly", *Nature Geoscience* (2023): 1-8.

Christopher Scotese, "Future Plate Motions & Pangea Proxima - Scotese Animation", Youtube, 2014.

Donald S. Maier, *What's so Good about Biodiversity?*, Springer, 2012.

Frank J. Mazzotti, et al., "The invasion of exotic reptiles and amphibians in Florida", *IFAS Publication* 320 (2012): 1-2.

Montserrat Vilà, et al., "Ecological impacts of invasive alien plants: a meta-analysis of their effects on species, communities and ecosystems", *Ecology letters* 14.7 (2011): 702-708.

Natasha Daly, "Fake animal news abounds on social media as coronavirus upends life", *National Geographic* 20.3 (2020).

Qinfeng Guo, et al., "The ecology of COVID-19 and related environmental and sustainability issues", *Ambio* 51.4 (2022): 1014-1021.

R. Alexander Pyron, We don't need to save endangered species. *Extinction is part of evolution*, The Washington Post, 2017.

Stephen E. Williams, et al., "Towards an integrated framework for assessing the vulnerability of species to climate change", *PLOS biology* 6.12 (2008): e325.